4차 산업혁명 시대, 스마트공장 구축을 위한

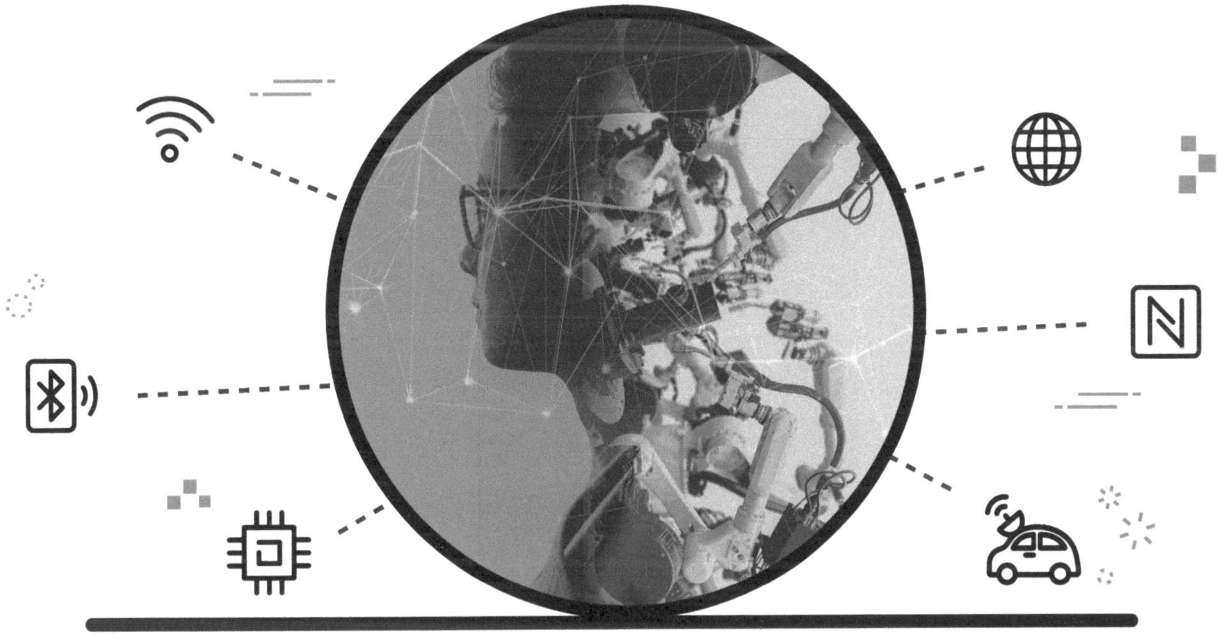

육영수 지음

스마트제조&
시퀀스 및 PLC 기초실습

(실습 장치 구성에서부터 시퀀스 및 PLC 실습까지)
(MELSEC FX5U PLC)

光文閣
www.kwangmoonkag.co.kr

스마트공장이란 제품의 기획부터 판매까지 제조 관련 전 과정을 정보 · 통신기술(ICT)로 통합하여 최소의 비용과 시간으로 고객 맞춤형 제품을 생산하는 사람 중심의 첨단 지능형 공장을 부르는 용어입니다.

이러한 스마트공장이 되기 위해서는 생산 라인의 설비들은 로봇 등을 활용한 자동화가 이루어져 있어야 하며, 이러한 설비들은 각종 센서와 컨트롤러를 활용하여 생산 설비의 상태를 항상 감시하고 설비를 제어할 수 있는 제어의 자동화가 구현되어 있어야 합니다.

이런 공정 자동화를 구현하기 위해 필요로 하는것이 PLC입니다.

PLC에는 지멘스, 미쯔비시, 로크웰, LS산전 등 여러 회사에서 나오는 다양한 종류의 PLC가 존재합니다만, 본 교재에서는 미쯔비시의 초소형 PLC인 MELSEC iQ-F 시리즈 FX5U PLC를 사용하였습니다.

교재는 다음과 같은 순서로 구성되어 있습니다.

1장. 실습 장치의 구성과 장치들과의 네트워크 접속, 회로 결선 방법 등

2장. 자동 제어를 쉽게 이해할 수 있도록 릴레이 시퀀스에 대한 이론과 실습

3장. PLC의 하드웨어와 소프트웨어의 구조

4장. PLC 프로그래밍 작성 툴인 GX Works3의 사용법

5장. 프로그램 명령어

6장. 24개의 예제 프로그램을 통한 프로그램 작성법

교재에 있는 예제를 하나하나 연습하다 보면 프로그램 작성법에 대해 자연스럽게 이해가 되고 또한 자신감이 생기리라 확신합니다.

저자

PART I 시스템 구성

단원 소개

실습 장치의 구성 요소인 PLC, HMI 그리고 입출력 장치들에 대해 살펴보고 스위칭 허브를 이용한 이더넷 접속법과 PLC 입출력 결선에 대하여 학습한다.

CHAPTER 01

4차 산업혁명 시대,
스마트공장 구축을 위한 스마트 제조 & 시퀀스 및 PLC 기초 실습

시스템 구성

학습 목표

1. PLC, HMI, 프로그래밍 툴(GX-Works3) 그리고 스위칭 허브 등을 이용하여 시스템을 구성할 수 있다.
2. 스위칭 허브를 이용하여 PC, PLC 그리고 HMI를 이더넷으로 접속할 수 있다.
3. PLC 입력과 출력의 신호 결선을 할 수 있다.

실습을 위해 사용되는 장비의 구성을 보면 PLC는 미쯔비시 FX5U-32MT/DS와 RS232 통신을 위한 확장 어뎁터 FX5-232ADP 그리고 터치 판넬은 ㈜엠투아이의 TOPRW0700WD를 사용한다.

1. 구성 장치

1) FX5U PLC(FX5U-32MT/DS, FX5-232ADP)

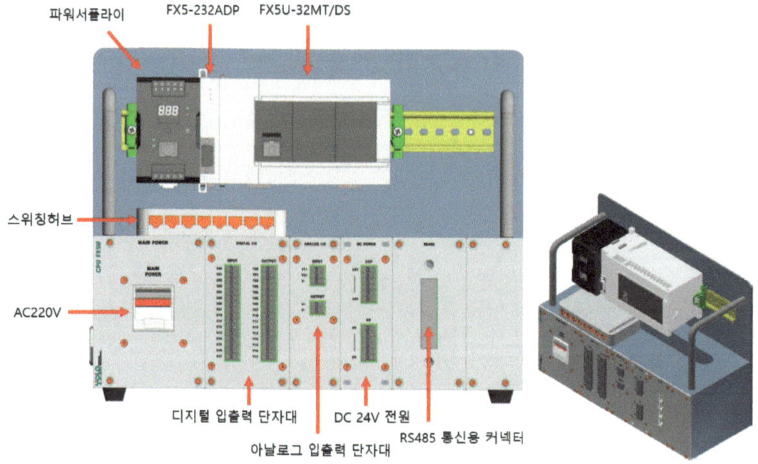

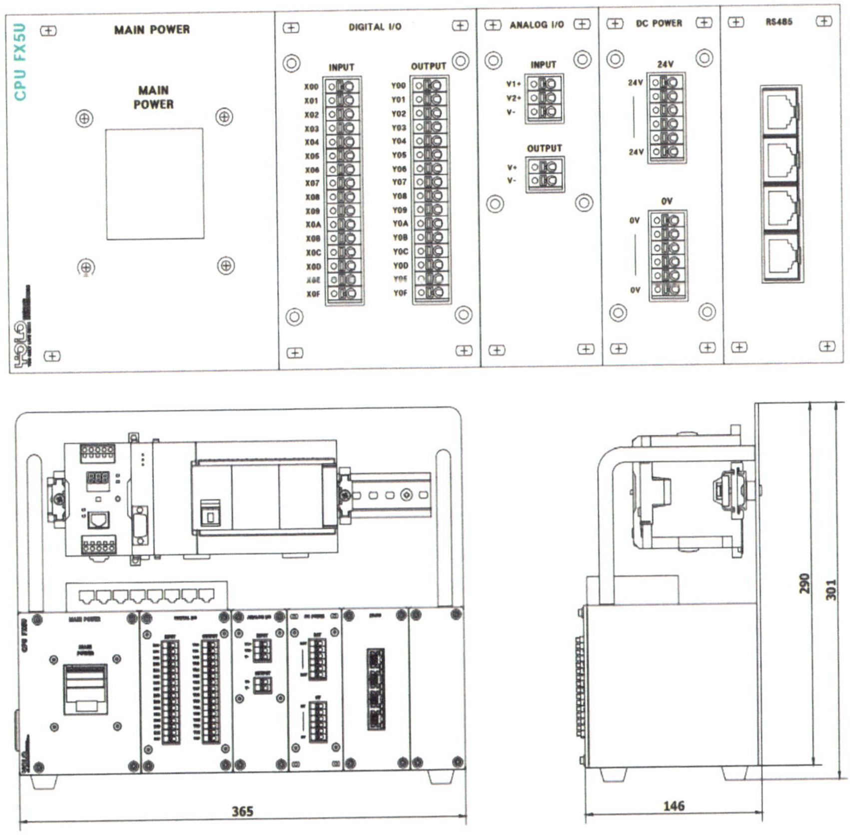

[그림 1-1] FX5U PLC 실습 장치 외형 및 치수

2) 터치 패널_TOPRW0700WD

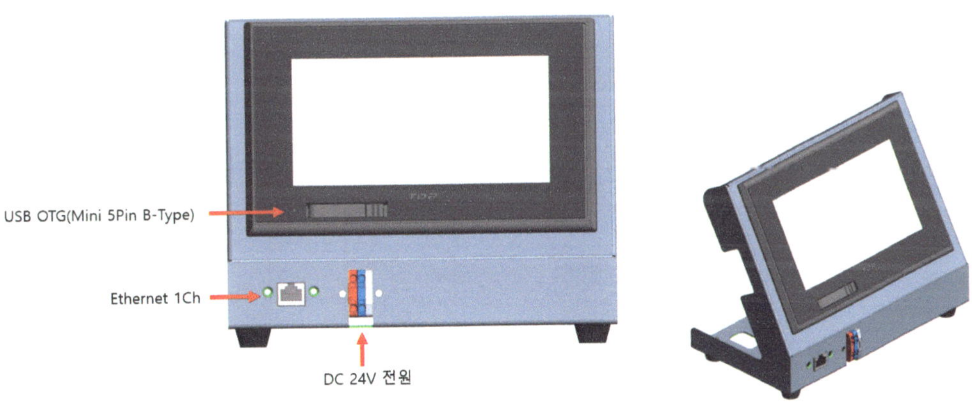

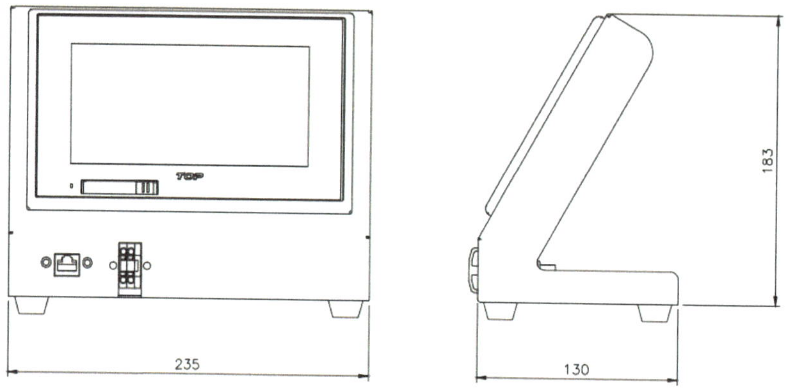

[그림 1-2] 터치 패널의 외형 및 치수

3) 입출력 실습 장치

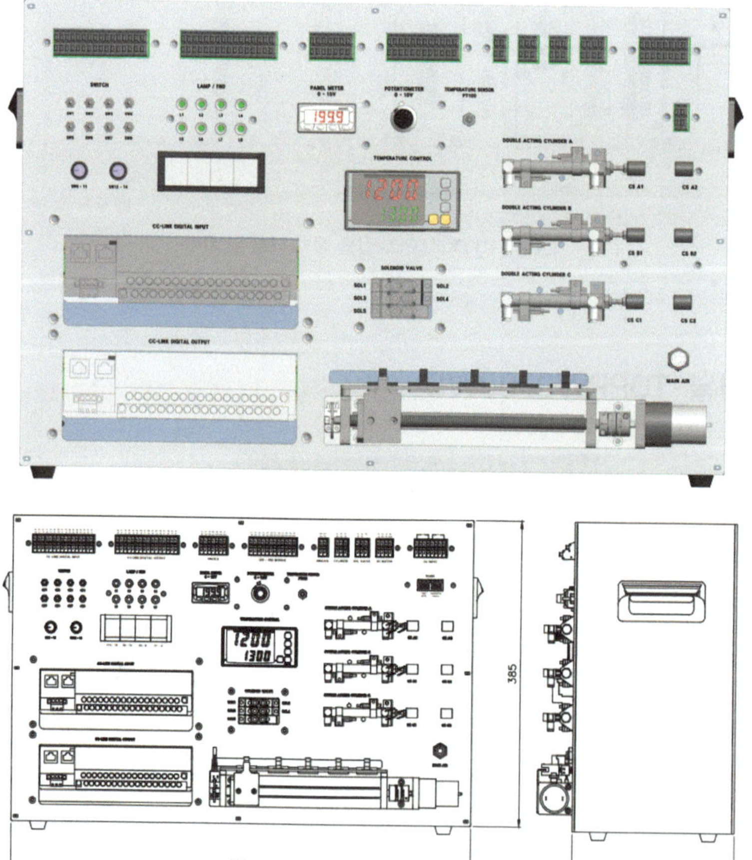

[그림 1-3] 입출력 실습 장치의 외형 및 치수

2. PC와 PLC 접속

GX Works3가 설치된 PC와 CPU 유니트를 접속하는 방법은 이더넷 접속과 시리얼 접속이 있다.

이더넷 접속 방법에는 이더넷 포트 간 직접 접속하는 방법과 허브를 경유하는 접속 방법이 있다.

1) 이더넷 직접 접속

직접 접속 방법은 [그림 1-4]와 같이 이더넷 케이블을 이용하여 PC의 랜 포트와 PLC의 랜 포트를 직접 연결하는 방식이다. 접속 후 통신을 위해 GX Works3에서 통신 설정을 [표 1-1]과 같이 해 주어야 한다.

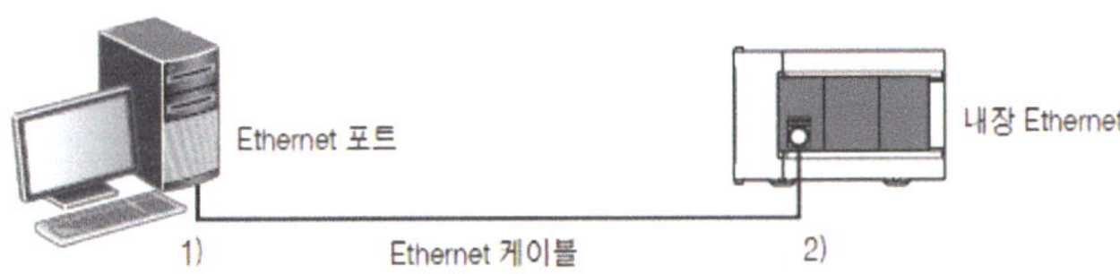

[그림 1-4] 이더넷 포트 직접 접속 방식

[표 1-1] 이더넷 포트 직접 접속 시 설정 사항

No.	항목	선택 항목	내부 설정	입력값
1)	PC 측 I/F	Ethernet 보드	-	-
2)	PLC 측 I/F	CPU 유니트		Ethernet 포트 직접 접속
	타국 지정	타국 지정 없음	교신 타임 체크	30초
			재시도 횟수	0회

2) 허브를 경유하는 접속

허브를 경유하여 접속하는 경우에는 PLC 측에 IP 어드레스를 설정해 주어야 한다.

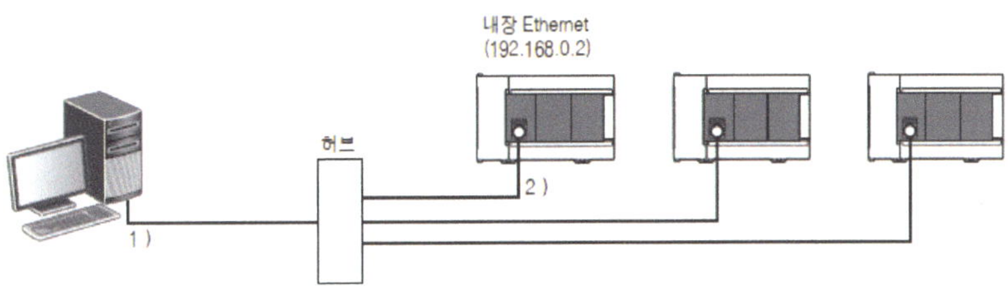

[그림 1-5] 허브 경유 접속 방식

허브 경유 접속 시에는 [표 1-2]와 같이 설정해 주어야 한다.

[표 1-2] 허브 경유 접속 시 설정 사항

No.	항목	선택 항목	내부 설정		입력값
1)	PC 측 I/F	Ethernet 보드	-		-
2)	PLC 측 I/F	CPU 유니트	허브 경유 접속	IP 어드레스	192.168.0.2
				응답 대기 시간	2초
	타국 지정	타국 지정 없음	교신 타임 체크		30초
			재시도 횟수		0회

3) 시리얼 접속

RS232 시리얼 접속을 하기 위해서는 통신용 확장 어댑터(FX5-232ADP) 또는 확장 보드(FX5-232-BD)가 필요하다.

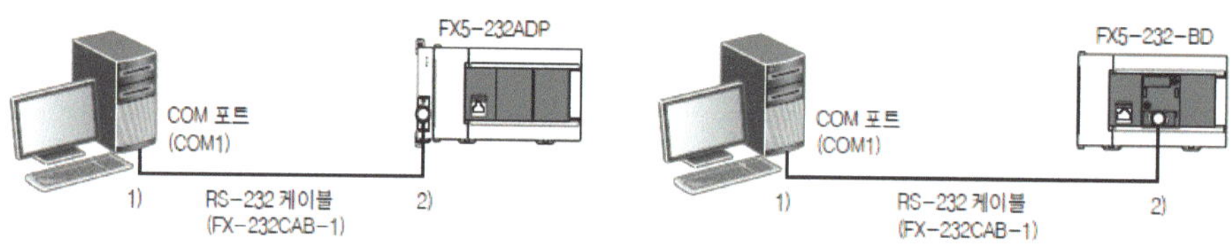

[그림 1-6] 시리얼 접속 방식

시리얼 접속 시에는 [표 1-3]과 같이 설정해 주어야 한다.

[표 1-3] 시리얼 접속 시 설정 사항

No.	항목	선택 항목	내부 설정	입력값
1)	PC 측 I/F	시리얼 /USB	RS-232C	-
			COM 포트	COM1
			전송 속도	115.2Kbps
2)	PLC 측 I/F	CPU 유니트	CPU 모드	FX5CPU
	타국 지정	타국 지정 없음	교신 타임 체크	30초
			재시도 횟수	0회

CHAPTER 02

4차 산업혁명 시대,
스마트공장 구축을 위한 스마트 제조 & 시퀀스 및 PLC 기초 실습

FX5U-32MT/DS

FX5U-32MT/DS는 전원으로 DC 전원을 사용하며 입력과 출력 점수가 각 16점으로 총 32점의 입출력 점수를 가지고 있다. 입력 형식은 싱크 또는 소스 타입을 선택하여 사용이 가능하며, 출력 형식은 트랜지스터 싱크 타입 고정이다.

1. 사용 전 안전 및 주의 사항

가. 장착, 배선 시 주의 사항 ⚠

모듈 장착, 배선 작업 등을 할 때는 인체의 감전이나 제품 손상의 우려가 있으므로 반드시 전원을 외부에서 모두 차단하고 나서 실행하도록 한다.

나. 유럽식 단자대 타입의 배선

전선의 단말 처리 치수는 매뉴얼에 기재된 치수에 따르도록 한다.

연선의 단말은 선 가닥이 나오지 않게 비틀어 준다.

전선의 단말은 납땜하지 않는다.

규정 크기 이외의 전선이나 규정 개수를 초과하는 전선을 접속하지 않는다.

단자대나 전선 접속 부분에는 외력이 직접 가해지지 않도록 전선을 고정한다.

2. FX5U PLC 각부 명칭

가. FX5U 전면부의 구성

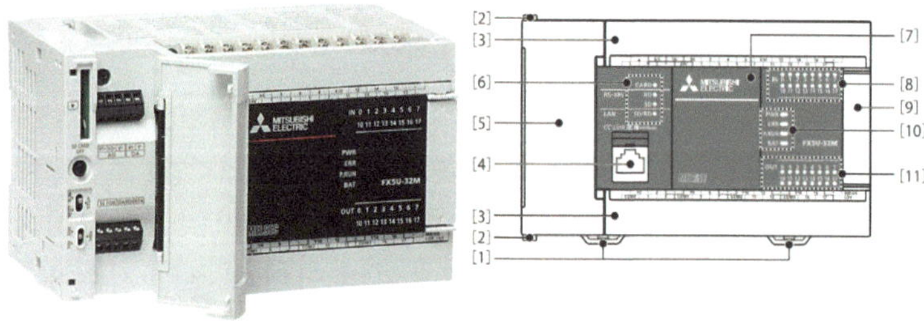

[표 1-4] FX5U 전면부 명칭 및 내용

번호	명칭	내용
(1)	DIN 레일 설치용 훅	CPU 유니트를 DIN46277(폭: 35mm)의 DIN 레일에 설치하기 위한 훅이다.
(2)	확장 어댑터 연결용 훅	확장 어댑터를 접속하는 경우에는 이 훅으로 고정한다.
(3)	단자대 커버	단자대 보호용 커버이다.
(4)	내장 Ethernet 통신용 커넥터	Ethernet 대응 기기와 접속하기 위한 커넥터이다.
(5)	상단 커버	SD 메모리 카드 슬롯, RUN/STOP/RESET 스위치 등을 보호하는 커버이다. 내장 RS-485 통신용 단자대, 내장 아날로그 입출력 단자대, RUN/STOP/RESET 스위치, SD 메모리 카드 슬롯 등은 이 커버 아래에 있다.
(6)	CARD LED	SD 메모리 카드의 사용 가능 여부가 표시된다. 점등: 사용 가능 또는 분리 불가능 점멸: 준비 중 소등: 미삽입 또는 분리 가능
	RD LED	내장 RS-485 통신으로 데이터를 수신하고 있을 때 점등한다.
	SD LED	내장 RS-485 통신으로 데이터를 송신하고 있을 때 점등한다.
	SD/RD LED	내장 Ethernet 통신으로 데이터를 송수신하고 있을 때 점등한다.
(7)	확장 보드 접속용 커넥터 커버	확장 보드 접속용 커넥터, 배터리 등을 보호하는 커버이다. 배터리는 이 커버 아래에 장착한다.
(8)	입력 표시 LED	입력이 ON 되면 점등한다

(9)	다음 단 증설 커넥터 커버	다음 단 증설 커넥터 보호용 커버이다. 증설 유니트의 증설 케이블을 커버 아래에 있는 다음 단 증설 커넥터에 접속한다.
(10)	PWR LED	CPU 유니트의 전원 공급 상태가 표시된다. 점등: 전원 공급 중 소등: 정전 중 또는 하드웨어 이상
	ERR LED	CPU 유니트의 에러 상태가 표시된다. 점등: 에러 발생 중 또는 하드웨어 이상 점멸: 공장 출하 상태, 에러 발생 중, 하드웨어 이상 또는 리셋 중 소등: 정상 동작 중
	P.RUN LED	프로그램의 동작 상태가 표시된다. 점등: 정상 동작 중 점멸: PAUSE 상태 소등: 정지 중 또는 정지 에러 발생 중
	BAT LED	배터리 상태가 표시된다. 점멸: 배터리 에러 발생 중 소등: 정상 동작 중
(11)	출력 표시 LED	출력이 ON 되면 점등한다.

나. FX5U 전면부의 커버를 연 상태의 구성

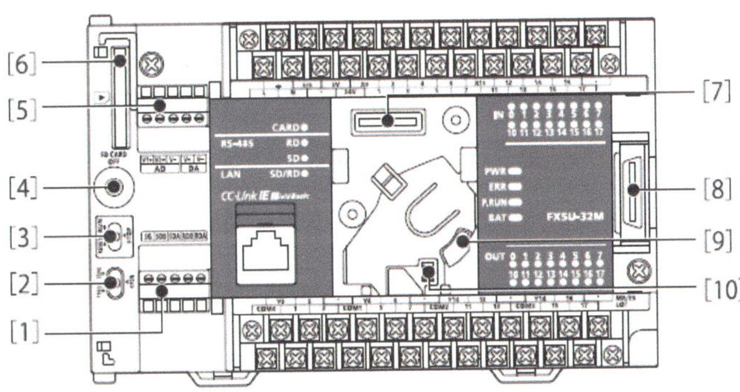

[표 1-5] FX5U 전면부의 커버를 연 상태의 명칭 및 내용

번호	명칭	내용
(1)	내장 RS-485 통신용 단자대	RS-485 대응 기기와 접속하기 위한 단자대
(2)	RS-485 종단 저항 전환 스위치	내장 RS-485 통신용 종단 저항을 전환하는 스위치

(3)	RUN/STOP/RESET 스위치	CPU 유니트의 동작 상태를 조작하는 스위치 RUN: 프로그램을 실행 STOP: 프로그램을 정지 RESET: CPU 유니트를 리셋(약 1초 동안 RESET 측으로 유지한다)
(4)	SD 메모리 카드 사용 정지 스위치	SD 메모리 카드 분리 시 카드 액세스를 정지하는 스위치
(5)	내장 아날로그 입출력 단자대	내장 아날로그 기능을 사용하기 위한 단자대
(6)	SD 메모리 카드 슬롯	SD 메모리 카드를 장착하는 슬롯
(7)	확장 보드 접속용 커넥터	확장 보드를 접속하기 위한 커넥터
(8)	다음 단 증설 커넥터	증설 유니트의 증설 케이블을 접속하는 커넥터
(9)	배터리 홀더	옵션의 배터리를 저장하는 홀더
(10)	배터리용 커넥터	옵션의 배터리를 접속하기 위한 커넥터

다. FX5U 전면부의 단자대 커버를 연 상태

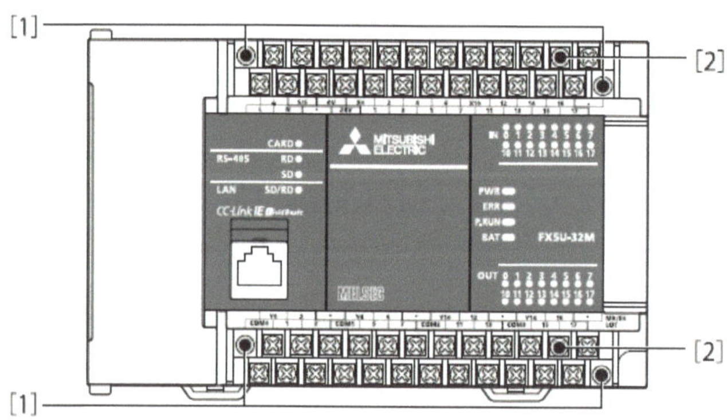

[표 1-6] FX5U 전면부의 단자대 커버를 연 상태의 명칭 및 내용

번호	명칭	내용
(1)	단자대 탈착용 나사	이 나사를 (좌우 교대로 조금씩) 풀면 단자대부가 분리된다.
(2)	단자	전원, 입력, 출력의 단자

단자대 탈착용 나사를 풀면 단자대부가 분리되며 단자의 단자 배열은 다음과 같다.

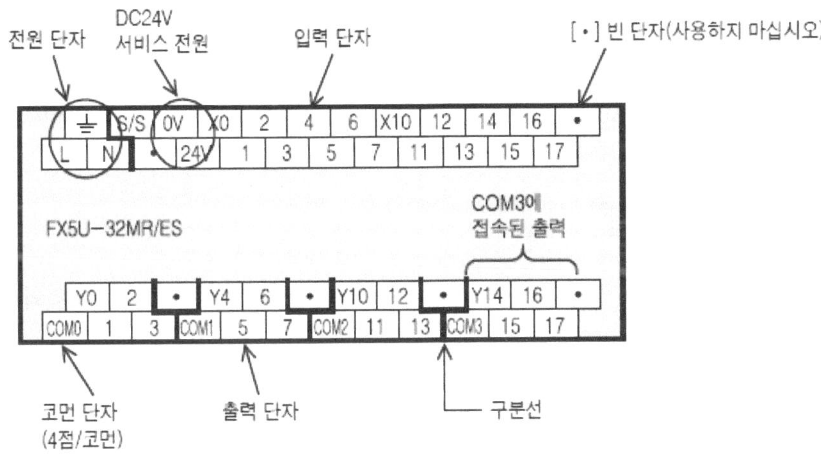

[그림 1-7] FX5U 단자대

- 전원 단자: AC 전원 타입은 [L], [N] 단자가 되며, DC 전원 타입은 [+], [−] 단자가 된다. AC 전원의 정격 전압의 범위는 100~240V이며, DC전원의 정격 전압은 DC 24V이다.
- DC24V 서비스 전원: AC 전원 타입은 [0V], [24V] 단자가 된다. DC 전원 타입에는 DC24V 서비스 전원은 없으며 [·] 빈 단자가 된다. [·] 빈 단자에는 배선하지 않도록 한다.
- 입력 단자: 입력 단자의 표시는 AC 전원 타입, DC 전원 타입 모두 같으며, 다만 입력의 외부 배선은 다르다.
- 코먼(COM□)에 접속된 출력의 표시: 출력은 4점 또는 8점의 단위를 1코먼으로 구성하고 있다. 코먼에 접속되어 있는 출력 번호(Y)는 "구분선"이 굵게 둘리 쌓인 범위가 된다.

트랜지스터 출력(소스) 타입은 "COM□" 단자가 "+V□" 단자가 된다.

3. 입력 및 출력 회로 구성

1) 입력 회로 구성

입력 회로의 구성은 AC 전원을 사용하느냐 DC 전원을 사용하느냐에 따라 다르다.

가. AC 전원 사용 시

AC 전원을 사용하는 경우에도 DC24V 서비스 전원을 사용하는 경우와 외부 전원을 사용하는 경우에 따라 회로 구성이 다르다.

DC24V 서비스 전원 사용

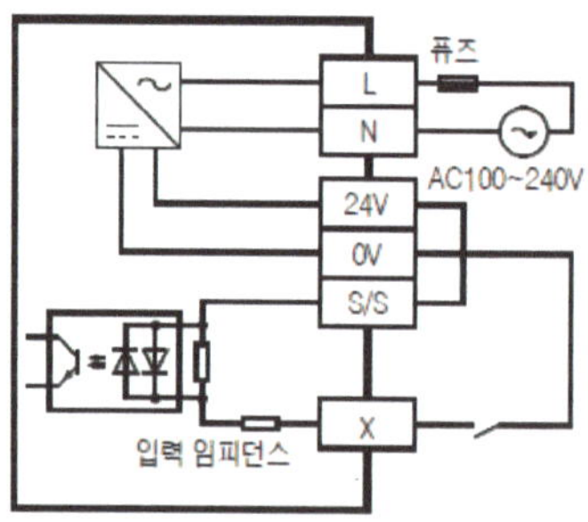

싱크 입력 배선

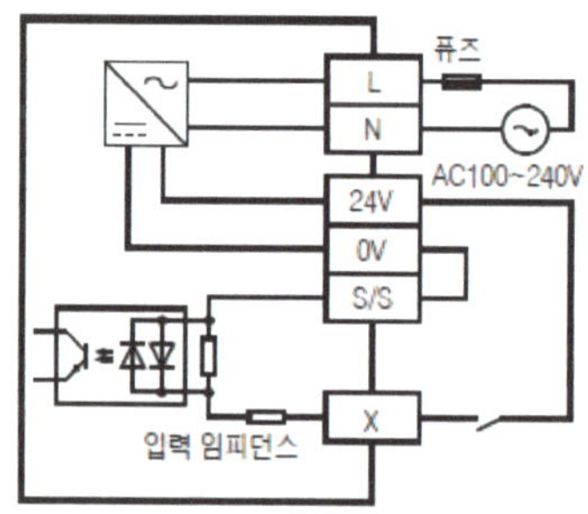

소스 입력 배선

외부 전원 사용

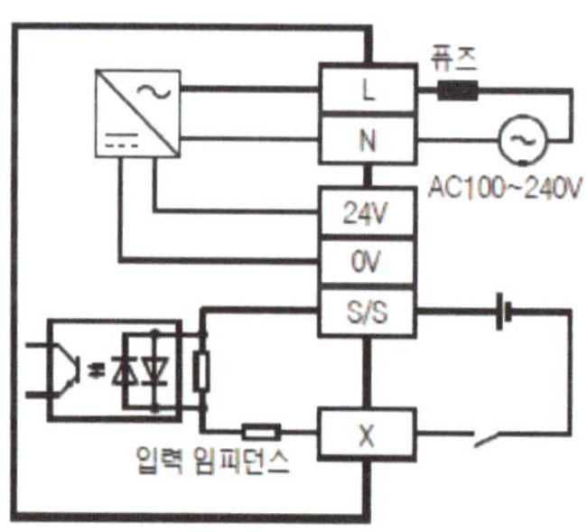

싱크 입력 배선

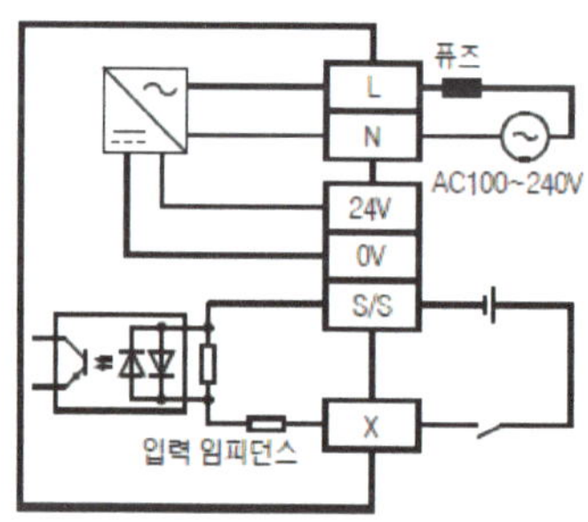

소스 입력 배선

- 싱크 입력: [24V] 단자와 [S/S] 단자를 접속한다.
- 소스 입력: [0V] 단자와 [S/S] 단자를 접속한다.

[그림 1-8] AC 전원 타입의 입력 회로 구성

나. DC 전원 사용 시

DC 전원을 사용하는 경우에는 DC24V 서비스 전원을 사용할 수 없으며 [그림 1-9]와 같이 회로를 구성하여야 한다.

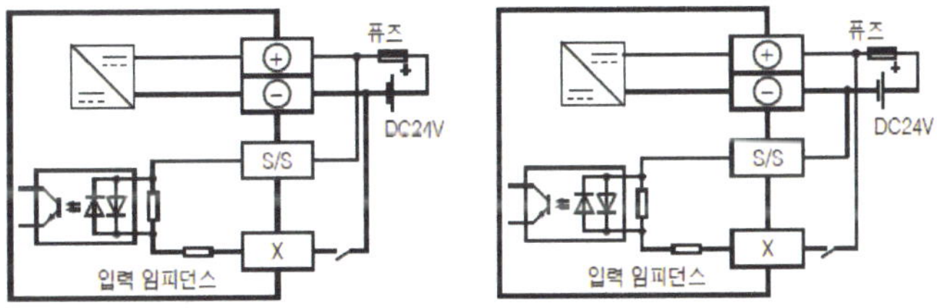

(a) 싱크 입력 배선 (b) 소스 입력 배선

- 싱크 입력: [+] 단자와 [S/S] 단자를 접속한다.
- 소스 입력: [−] 단자와 [S/S] 단자를 접속한다.

[그림 1-9] DC 전원 타입의 입력 회로 구성

2) 출력 회로 구성

출력 회로의 구성은 릴레이 출력과 트랜지스터 출력에 따라 다르게 구성된다.

[그림 1-10] 출력 회로 구성

릴레이 출력	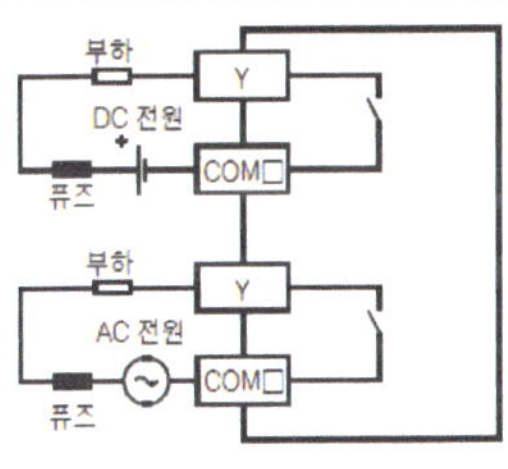 [COM□]의 □에는 코먼 번호가 들어간다.
트랜지스터 출력	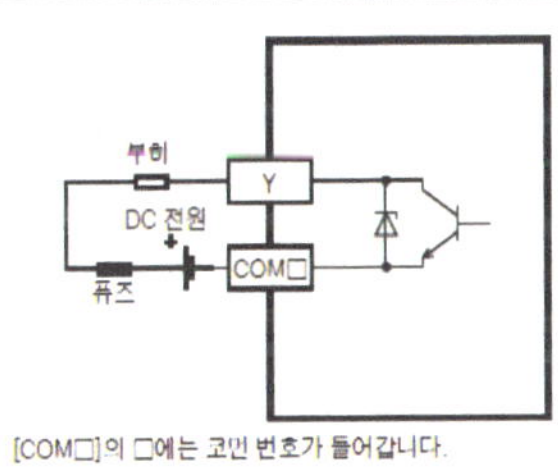 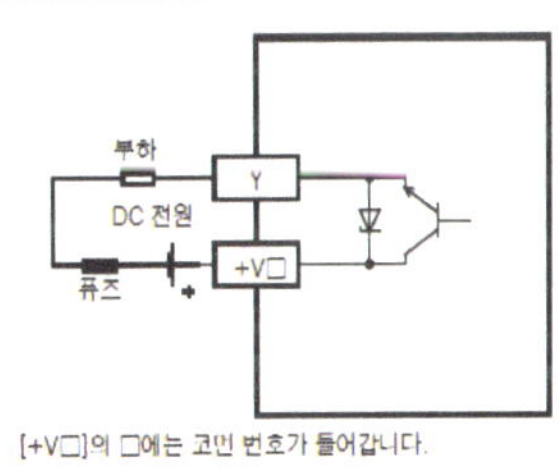 [COM□]의 □에는 코먼 번호가 들어간다. [+V□]의 □에는 코먼 번호가 들어간다.
	(a) 싱크 출력 배선 (b) 소스 출력 배선

4. FX5U 유니트의 아날로그 사용

1) 아날로그 입력 및 출력

FX5U CPU 유니트는 아날로그 기능을 내장하고 있다. 2점(채널)의 전압 입력과 1점(채널)의 전압 출력을 가지고 있으며, 전압 입력과 전압 출력의 범위는 모두 DC 0~10V 고정이다. 아날로그 입력에 대한 디지털 출력의 범위는 0~4,000이다. 아날로그 출력을 위한 디지털 입력의 범위 역시 0~4,000이다.

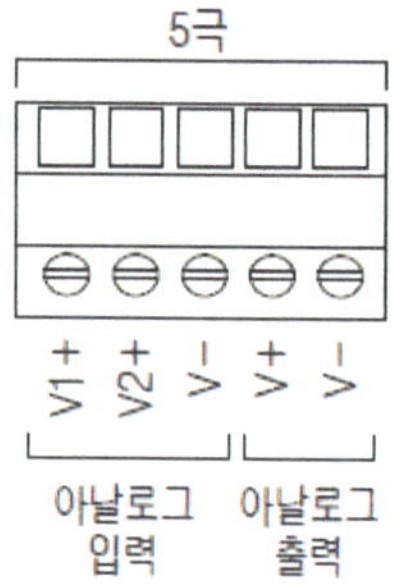

[그림 1-11] 내장 아날로그 단자 배열

2) 아날로그 입출력 배선

가. 아날로그 전압 입력 배선

아날로그 입력선은 2심의 실드 타입 트위스트 페어 케이블을 이용하여 다른 동력선이나 유도를 받기 쉬운 선과 분리하여 배선하여야 한다. 또한, 사용하지 않는 채널은 "V+" 단자와 "V−" 단자를 단락시킨다.

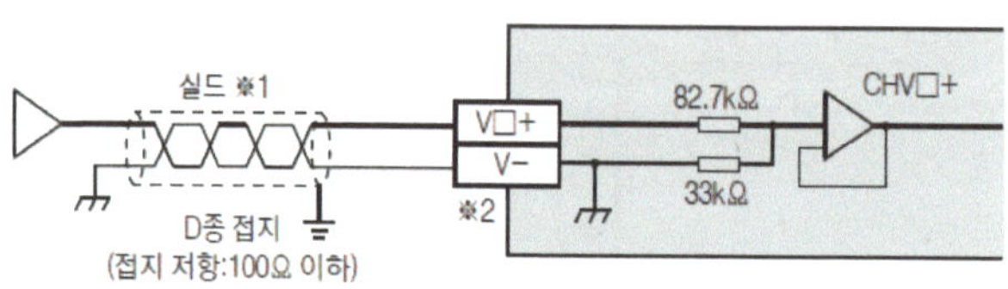

[그림 1-12] 아날로그 전압 입력 배선

나. 아날로그 전압 출력 배선

아날로그 출력선도 입력선과 마찬가지로 2심의 실드 타입 트위스트 페어 케이블을 이용하여 다른 동력선이나 유도를 받기 쉬운 선과 분리하여 배선하여야 한다. 실드선은 신호 수신 측에서 접지하도록 한다.

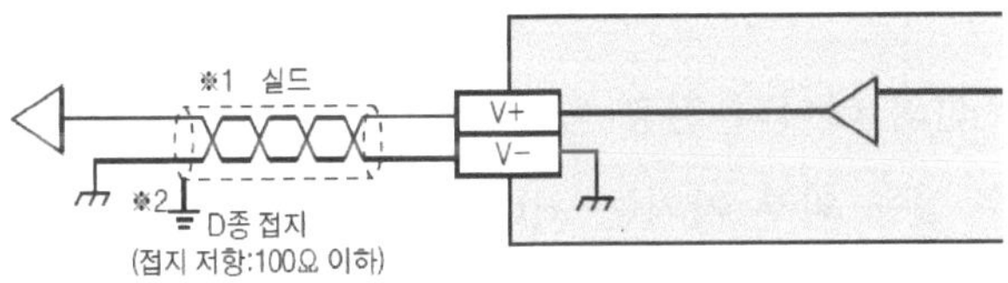

[그림 1-13] 아날로그 전압 출력 배선

다. 아날로그 전류 입력 배선

FX5U CPU 유니트는 내장 아날로그의 아날로그 입력을 전류 입력(DC4~20mA)으로 사용할 수 있다. 전류 입력으로 사용하려면 "V+"와 "V−"단자 사이에 250Ω의 저항(정밀 저항 0.5%)을 접속하면 된다.

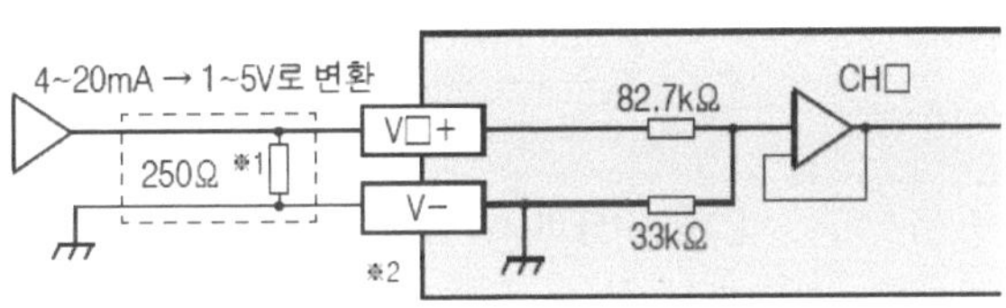

[그림 1-14] 아날로그 전류 입력 배선

전류 입력(DC4~20mA)인 경우의 디지털 출력값은 400~2,000이다. 디지털 출력값은 스케일 기능을 이용하여 변경할 수 있다.

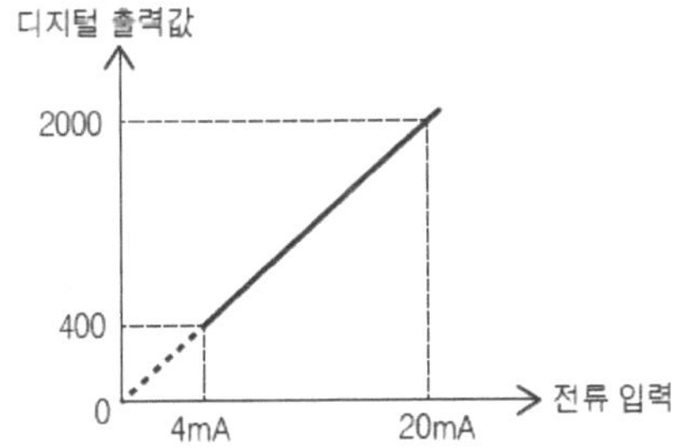

[그림 1-15] 아날로그 전류 입력에 대한 디지털 출력값

5. FX5U 유니트의 통신

FX5U PLC는 이더넷 통신과 RS-485 통신을 지원한다.

1) 이더넷 통신

내장 이더넷 통신의 데이터 전송 속도는 100/10Mbps이다. 1대의 CPU 유니트에 동시에 접속할 수 있는 외부 기기는 최대 8대이며, 인터페이스로 RJ45 커넥터를 사용한다. IP 어드레스의 초깃값은 192.168.3.250이다. 대응 프로토콜에는 CC-Link IE 필드 네트워크 베이직, MELSOFT 접속 SLMP(3E 프레임), 소켓 통신, 통신 프로토콜 지원 그리고 FTP 서버가 있다.

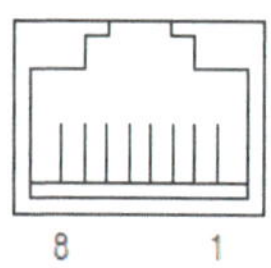

핀	신호명
1	TXD+
2	TXD-
3	RXD+
4	사용 불가능
5	사용 불가능
6	RXD-
7	사용 불가능
8	사용 불가능

[그림 1-16] 이더넷 통신 핀 번호

2) RS-485 통신

내장 RS-485 통신의 최대 데이터 전송 속도는 115.2Kbps이며 최대 전송 거리는 50m이다. 대응 프로토콜에는 NELSOFT 접속, 무수순 통신, M C프로토콜(3C/4C 프레임), MODBUS RTU 통신 등이 있다.

6. 확장 보드

확장 보드는 CPU 유니트 전면에 접속하는 기능 확장용 보드이다. 확장 보드로는 RS-232C 통신용, RS-485 통신용과 RS-422 통신용 확장 보드가 있다.

[표 1-7] FX5U 확장 보드

형명	기능	입출력 점유 점수	소비 전류	
			DC5V 전원	DC24V 전원
FX5-232-BD	RS-232C 통신용	-	20mA	-
FX5-485-BD	RS-485 통신용	-	20mA	-
FX5-422-BD-GOT	RS-422 통신용(GOT 접속용)	-	20mA※1	-

7. 확장 어뎁터

확장 어뎁터는 CPU 유니트 왼쪽에 접속하는 기능 확장을 위한 어댑터이다.

[표 1-8] FX5U 확장 어뎁터

형명	기능	입출력 점유 점수	소비 전류		
			DC5V 전원	DC24V 전원	외부 DC24V 전원
FX5-4AD-ADP	4CH 전압 입력/전류 입력	-	10mA	20mA	-
FX5-4DA-ADP	4CH 전압 출력/전류 출력	-	10mA	-	160mA
FX5-4AD-PT-ADP※1	4CH 측온저항체 입력	-	10mA	20mA	-
FX5-4AD-TC-ADP※1	4CH 열전대 입력	-	10mA	20mA	-
FX5-232ADP	RS-232C 통신용	-	30mA	30mA	-
FX5-485ADP	RS-485 통신용	-	20mA	30mA	-

8. 입력 회로 결선

DC24V 입력 회로의 배선은 사용자의 선택에 의해 싱크 입력과 소스 입력으로 구성이 가능하다. 하지만 시스템에서 혼재하여 사용할 수는 없으므로 주의하여야 한다.

싱크 입력 회로로 구성하려면 [+] 단자와 [S/S] 단자를 접속한다. 그리고 소스 입력 회로로 구성하려면 [−] 단자와 [S/S] 단자를 접속하면 된다.

1) 싱크 입력과 소스 입력 회로

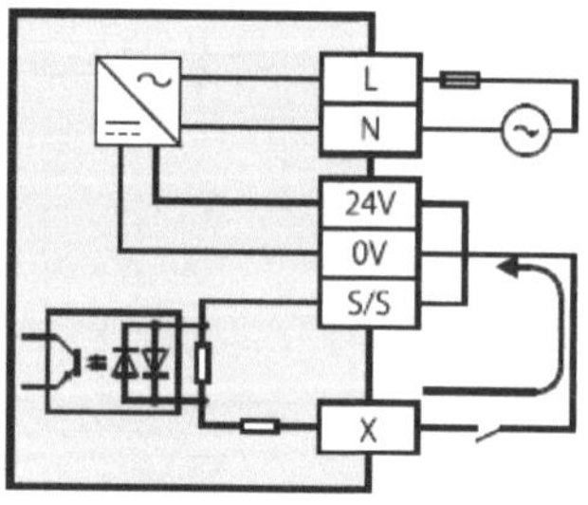

싱크 입력

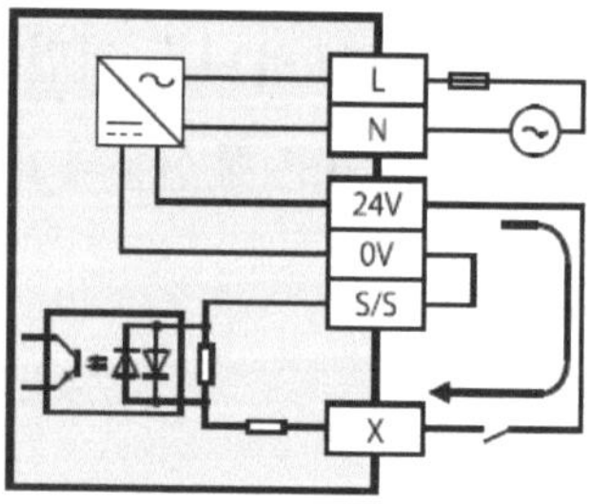

소스 입력

[그림 1-18] 싱크 입력과 소스 입력 회로

가. 싱크 입력[마이너스(-) 코먼]

DC 입력 신호가 입력(X) 단자에서 전류가 흐르는 입력을 싱크 입력이라고 한다.

트랜지스터 출력 타입의 센서 출력 등을 접속할 때는 NPN 오픈 컬렉터 트랜지스터 출력을 사용할 수 있다.

나. 소스 입력[플러스(+) 코먼]

DC 입력 신호가 입력(X) 단자에 전류가 흘러 들어가는 입력을 소스 입력이라고 한다.

트랜지스터 출력 타입의 센서 출력 등을 접속할 때는 PNP 오픈 컬렉터 트랜지스터 출력을 사용할 수 있다.

2) FX5U CPU 유니트의 입력 단자 결선

가. 싱크 입력의 단자 결선

싱크 입력 회로의 결선은 입력(X) 단자와 [−] 단자 간에 무전압 접점 또는 NPN 오픈 킬렉터 트렌지스터 출력을 접속하여 도통하면 입력(X)이 ON 상태가 된다.

이때, 입력 표시용 LED가 점등된다.

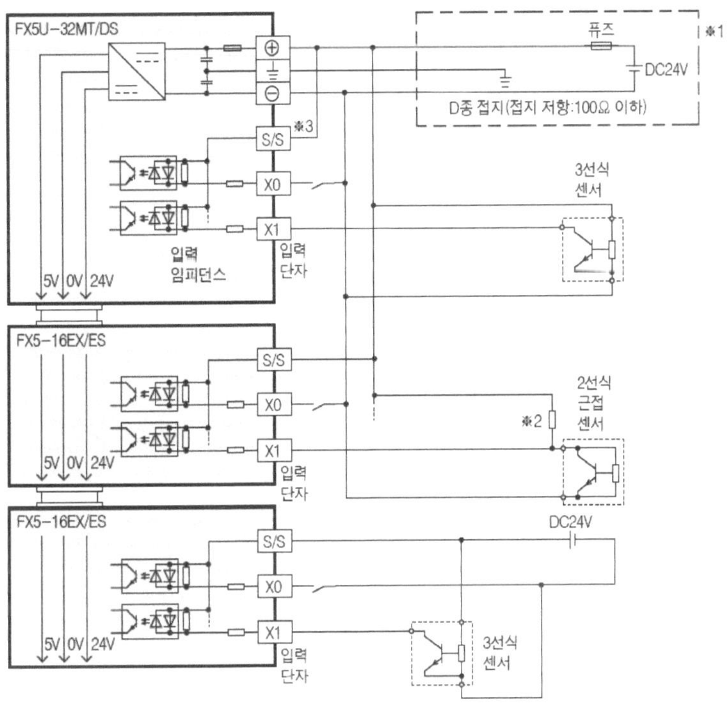

[그림 1-19] 싱크 입력[DC 전원 타입]

나. 소스 입력의 단자 결선

소스 입력 회로의 결선은 입력(X) 단자와 [+] 단자 간에 무전압 접점 또는 PNP 오픈 컬렉터 트랜지스터 출력을 접속하여 도통하면 입력(X)이 ON 상태가 된다.

이때, 입력 표시용 LED가 점등된다.

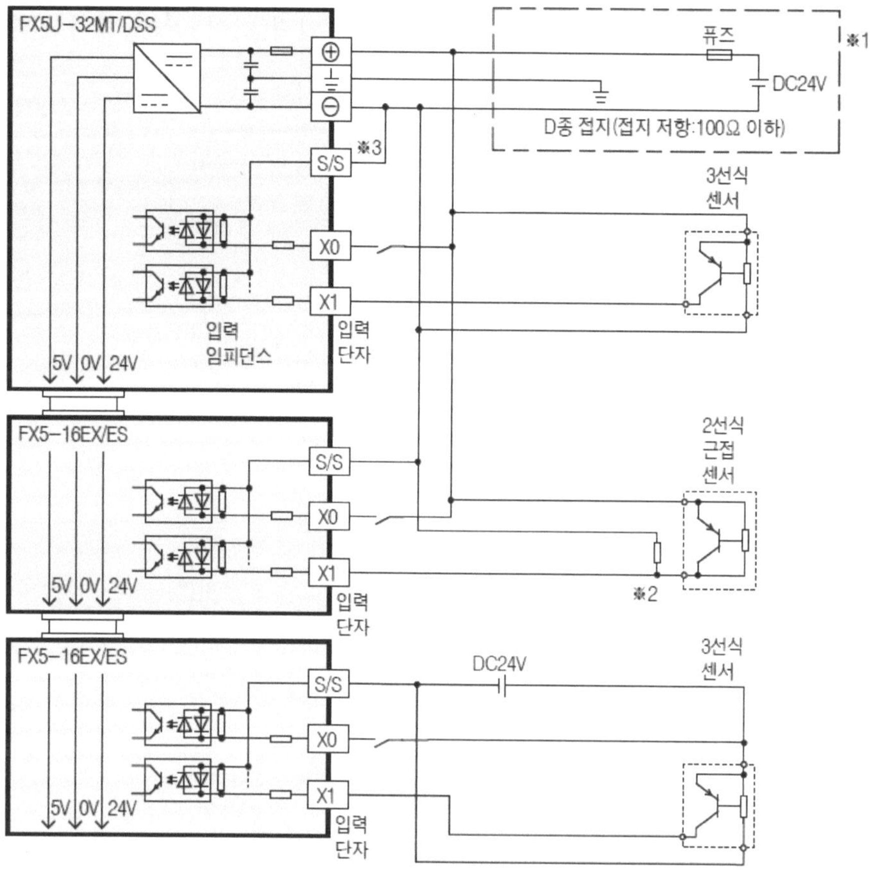

[그림 1-20] 소스 입력[DC 전원 타입]

9. 출력 회로 결선

PLC 출력에는 릴레이 출력과 트랜지스터 출력으로 구분한다. 트랜지스터 출력은 다시 싱크 출력과 소스 출력으로 구분된다.

1) 싱크와 소스 출력의 차이

싱크와 소스 출력의 차이는 부하 전류가 출력(Y) 단자에 흘러드면 싱크 출력이라 하고, 부하 전류가 출력(Y) 단자에서 흐르면 소스 출력이라 한다.

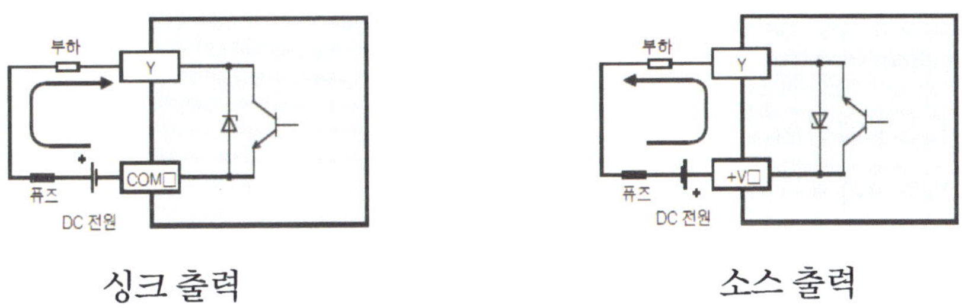

[그림 1-21] 싱크 출력과 소스 출력

2) 출력 단자의 결선

싱크 출력인 경우에는 COM 단자는 부하 전원의 마이너스(−) 측에 접속하고, 소스 출력인 경우에는 COM 단자는 부하 전원의 플러스(+) 측에 접속한다.

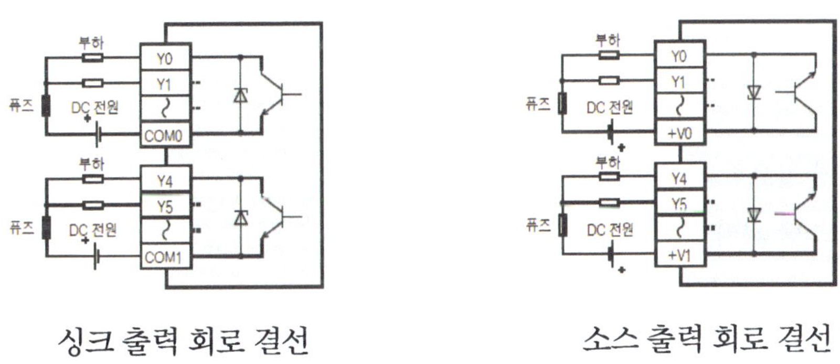

[그림 1-22] 출력 단자의 결선

CHAPTER 03

4차 산업혁명 시대,
스마트공장 구축을 위한 스마트 제조 & 시퀀스 및 PLC 기초 실습

PLC 운전 순서

① 시스템 전원 투입

다음 항목을 확인 후 전원을 투입한다. 공장 출하 상태에서 전원을 투입한 경우, 프로그램이 없으므로 ERR LED가 점멸한다.

- 전원의 배선이 올바른가?
- 전원 전압은 사양의 범위 내인가?
- CPU 유니트가 STOP 상태로 되어 있는가?

② PC와 접속

GX Works3을 인스톨한 PC와 CPU 유니트를 접속한다.

③ CPU 내장 메모리 포맷

GX Works3에서 CPU 내장 메모리를 포맷한다.

④ 파라미터 설정

기동에 필요한 파라미터를 설정한다.

- 시스템 파라미터
- CPU 파라미터
- 유니트 파라미터

⑤ 프로그래밍

GX Works3에서 프로그램을 작성한다.

⑥ 파라미터와 프로그램 쓰기

GX Works3에서 설정, 작성한 파라미터와 프로그램을 CPU 유니트에 쓴다.

⑦ 시스템 재기동

다음과 같은 방법으로 시스템을 재기동한다.

- 전원의 OFF → ON
- CPU 유니트의 리셋

⑧ 에러 확인

CPU 유니트의 ERR LED를 확인한다. 에러가 발생하고 있는 경우에는 GX Works3의 유니트 진단(CPU 진단)에 의해 에러 내용을 확인하여 에러 요인을 제거한다.

⑨ 프로그램 실행

CPU 유니트를 RUN 상태로 하여 CPU 유니트의 P.RUN LED가 점등되는지를 확인한다.

RUN/STOP/RESET 스위치에 의한 조작

RUN/STOP/RESET 스위치로 CPU 유니트의 동작 상태를 변경할 수 있다.
RUN/STOP/RESET 스위치를 RUN의 위치로 하면 프로그램을 실행하고, STOP의 위치로 하면 프로그램을 정지한다. CPU를 리셋하기 위해서는 다음의 순서로 실행하여야 한다.

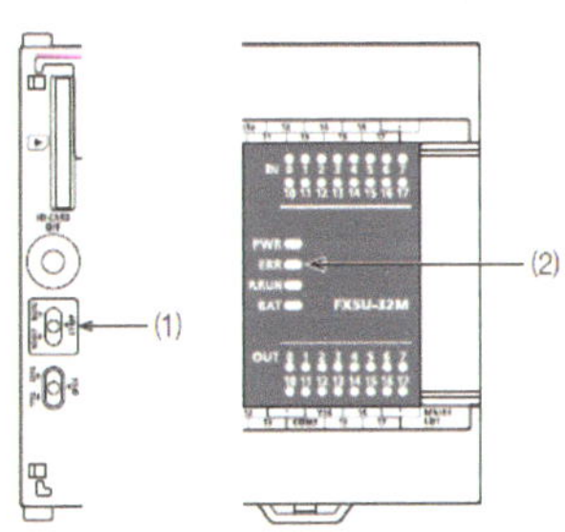

1. RUN/STOP/RESET 스위치(1)를 RESET 측으로 옮긴 후 1초 이상 유지한다.
2. ERR LED(2)가 몇 차례 점멸하는지를 확인한다.
3. RUN/STOP/RESET 스위치를 STOP의 위치로 놓는다.

4차 산업혁명 시대, 스마트공장 구축을 위한 스마트 제조 & 시퀀스 및 PLC 기초 실습

PART Ⅱ

릴레이 시퀀스 이론 및 실습

단원 소개

릴레이 시퀀스의 구성 요소인 입출력 기기와 제어 기기에 대하여 학습하고 다양한 시퀀스 회로 작성법에 대하여 학습한다.

CHAPTER 01

4차 산업혁명 시대,
스마트공장 구축을 위한 스마트 제조 & 시퀀스 및 PLC 기초 실습

릴레이 시퀀스(Relay Sequence)

학습 목표

1. 릴레이 시퀀스의 개념을 이해하고 설명할 수 있다.
2. 릴레이 시퀀스의 각 구성 요소들의 명칭과 기능을 설명할 수 있다.
3. 시퀀스 시뮬레이션 프로그램을 활용하여 시퀀스 회로도를 작성할 수 있다.

PLC의 탄생 배경은 기존의 전기 제어반 사용 시의 여러 문제점(배선의 어려움, 공간의 제약, 처리 속도 등)을 해결하기 위하여 개발된 제어기기이다. 따라서 기본적으로 PLC는 전기 릴레이 시퀀스에서 사용한 제어기기인 타이머, 카운터, 접점 등을 소프트웨어적으로 구현하여 시퀀스 제어를 할 수 있는 제어기기이다.

1. 접점

전기회로에 전류를 흐르게 하거나 흐르지 못하게 하는 역할, 즉 개폐 역할을 담당하는 것이 접점(接點)이다.

1) 접점의 분류

접점에는 접점의 동작 상태 및 조작력에 따라 다음과 같이 분류된다.

① 자동 복귀 접점

누름 버튼 스위치의 접점은 누르고 있는 동안은 접점이 on 또는 off로 변환되지만, 조작력을 제거하면 스프링 등의 복귀 기구에 의해 초기 상태로 자동적으로 복귀하게 되는 접점이다.

② 수동 복귀 접점과 잔류 접점

가정의 점등 스위치와 같이 한 번 변환시킨 후 초기 상태로 복귀시키려면 조작력을 가해야만 복귀되는 접점이다.

③ 수동 조작 접점과 자동 조작 접점

접점을 on 또는 off 하는 것을 조작이라 한다. 누름 버튼 스위치나 셀렉터 스위치처럼 손(手)으로 조작하면 수동 조작 접점이라 하며, 전자 릴레이나 전자 접촉기의 접점과 같이 전자력에 의해 개폐되면 자동 조작 접점이라 한다.

④ 기계적 접점

기계적 접점은 리밋 스위치나 마이크로 스위치의 접점과 같이 기계적 운동 부분과 접촉하여 조작되는 접점이다.

2) a접점, b접점

'a접점' 은 조작력이 가해지지 않은 초기 상태가 고정 접점과 가동 접점이 떨어져 있는 접점이며, 조작력이 가해지면 고정 접점과 가동 접점이 붙게 되어 전류를 통전시키는 역할을 한다.

'b접점' 은 a접점의 반대 개념으로 초기 상태가 고정 접점과 가동 접점이 붙어 있다가 조작력이 가해지면 고정 접점과 가동 접점이 떨어지는 접점을 말한다.

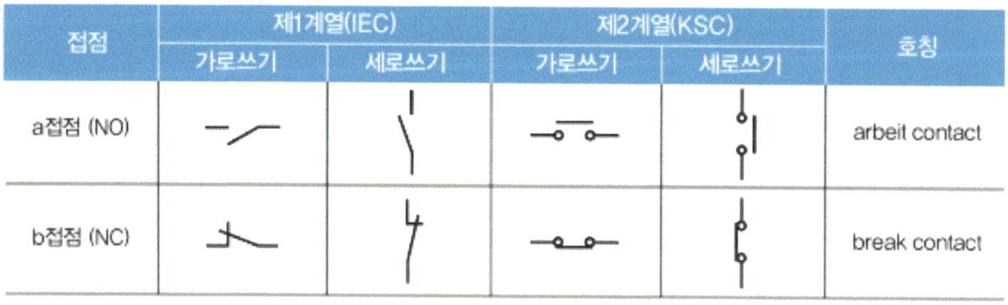

[그림 2-1] a접점과 b접점

2. 전기용 그림기호(심벌)

전기용 그림기호(심벌)는 전기기기의 기계적인 부분은 생략하고 그 동작 상태만을 바로 알 수 있도록 전기회로 일부의 요소를 간략화한 것으로서 시퀀스도를 이해하기 위해서는 전기용 그림기호를 먼저 알아야 한다.

전기용 그림기호는 한국산업규격 KSC 0102를 따르고 있으며 전기용 그림기호를 표현하는 방법으로는 IEC 규격의 제1 계열과 KSC규격의 제2 계열이 있다.

[표 2-1] 전기용 심벌 표현 방법(제1 계열과 제2 계열)

제1 계열	제2 계열
IEC(국제전기표준회의: International Electrotechnical Commission)	KSC(한국산업규격)

주) KSC IEC: 국제표준규격인 IEC 규격에 부합하는 KSC 규격

3. 시퀀스선도(시퀀스도) 작성

시퀀스선도(시퀀스도)란 배전반과 그 배전반에 관련되는 전기기기의 동작을, 그 동작 순서에 따라 나타내기 위해 각 기기에 대한 상호 관련을 쉽게 파악할 수 있게 만든 도면을 말한다.

시퀀스선도에서는 제어용 기기의 기구적 관련은 생략하고, 접점 및 코일 등으로 나타내어 각 접속선으로 분리해서 표현하며 작성 방법은 [그림 2-2]와 같이 가로쓰기와 세로쓰기 2종류가 있다.

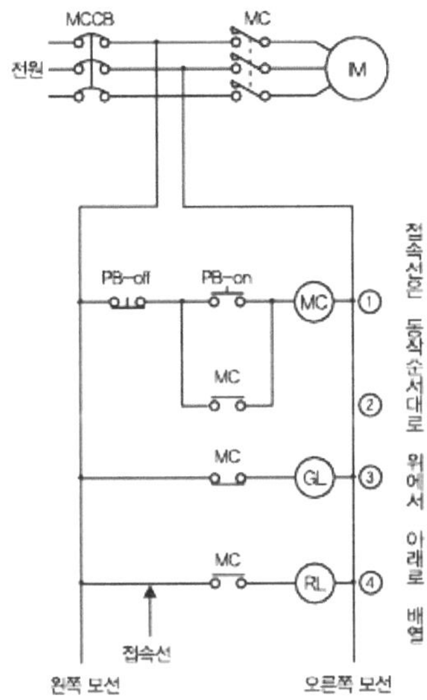

가로쓰기

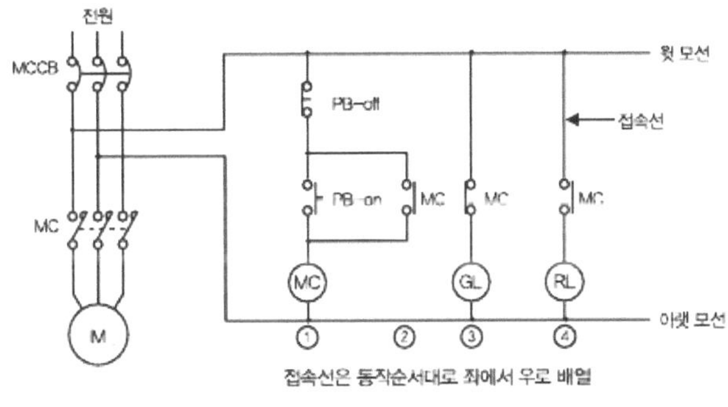

세로쓰기

[그림 2-2] 가로쓰기와 세로쓰기(전동기의 기동 및 정지회로)

〈도면 작성 방법〉

① 주회로는 위 또는 아래쪽에 표현하는 경우에는 가로선으로, 왼쪽 또는 오른쪽에 표현하는 경우에는 세로선으로 작성

② 제어회로는 주회로가 상하(上下)에 있는 경우에는 세로선으로, 주회로가 좌우(左右)에 있는 경우에는 가로선으로 작성

③ 제어회로의 접속선은 동작 순서로 좌에서 우로, 위에서 아래 방향으로 배열하여 작성

④ 제어기기는 기기 및 전기회로가 정지 상태로서 모든 전원이 차단된 상태로 표현

⑤ a, b접점이 있는 제어기기는 기구적 관련은 생략하고, 각각의 접속선에 분리해서 접점, 코일 등으로 표현

⑥ 보조 접점은 해당 제어기기명을 명기

4. 타임 차트 작성

타임 차트는 시간의 흐름에 따른 제어 동작의 변화를 나타내기 위해 가로축에 시간을 표시하고 세로축에 신호 1, 0 또는 ON, OFF로 표시하여 사용한다.

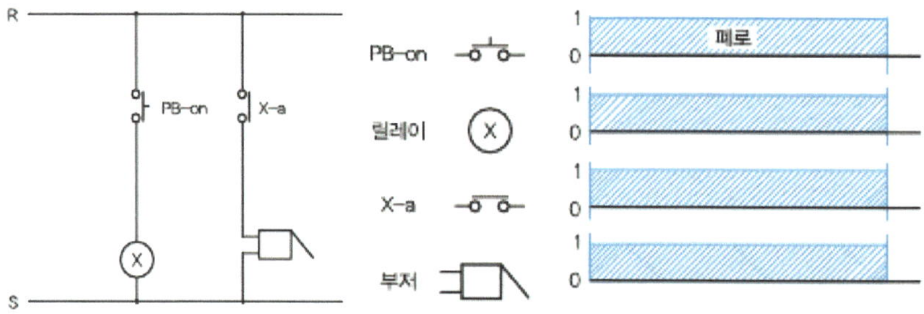

(a) 시퀀스도　　　　(b) 타임 차트

[그림 2-3] 타임 차트 작성 예

5. 제어용 기기

릴레이 시퀀스를 구성하는 각종 제어용 기기에는 조작 스위치, 검출 스위치, 릴레이, 타이머, 카운터, 전자 접촉기 등이 있다.

누름버튼 스위치　토글 스위치　셀렉터 스위치　로터리 스위치　풋 스위치

(조작 스위치의 종류)

마이크로 스위치　리밋 스위치　근접 센서　포토 센서　압력 센서

(검출 스위치의 종류)

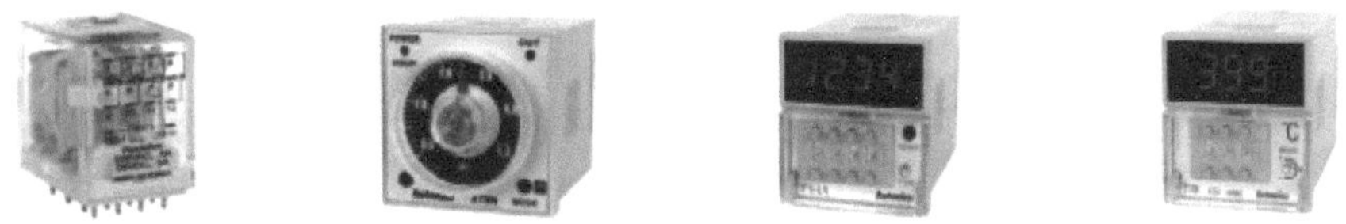

릴레이(계전기) 타이머 카운터 온도 조절기

(계전기의 종류)

[그림 2-4] 제어용 기기

가. 전자(電磁) 릴레이

전자 릴레이는 전자력(電磁力)에 의해 접점을 개폐(開閉)하는 기능을 가진 장치의 총칭으로 릴레이 시퀀스의 신호 처리용 기기로써 가장 많이 사용되고 있으며 그 종류도 다양하다.

릴레이의 기본 구조는 [그림 2-5] (a)와 같으며 코일에 인가되는 전류의 on, off에 따라 가동 접점이 a접점 또는 b접점과 접촉하여 회로에서의 전기신호를 연결시켜 주거나 차단시키는 역할을 한다.

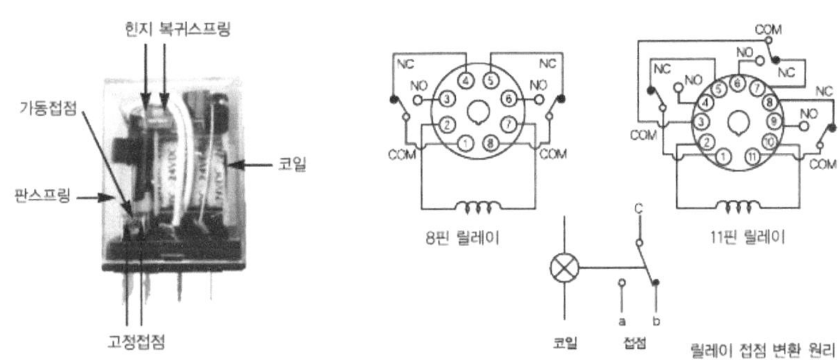

(a) 릴레이의 구조 (b) 릴레이의 내부 회로

[그림 2-5] 릴레이의 구조 및 내부 회로

나. 타이머

타임 릴레이는 보통 타이머(timer)라고 부르며, 입력 신호가 들어온 후 설정된 시간(setting time)이 되면 접점을 ON, OFF시키는 시퀀스 제어기기이다.

(a) 외형

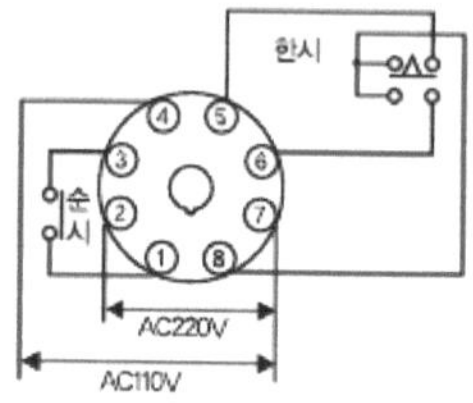

(b) 내부 회로

[그림 2-6] 타이머의 구조와 내부 회로

다. 전자(電磁) 접촉기(MC)

전자 접촉기(electromagnetic contactor)는 전자 계전기와 같이 전자석의 동작에 의해 접점을 개폐하는 기구로써, 전동기 등의 동력 부하에는 필수적으로 사용되고 있다. 접점은 주 접점과 보조 접점으로 구분되며, 주 접점은 부하의 전원을 개폐하고 보조 접점은 계전기와 동일하게 제어회로에 사용된다.

(a) 외형

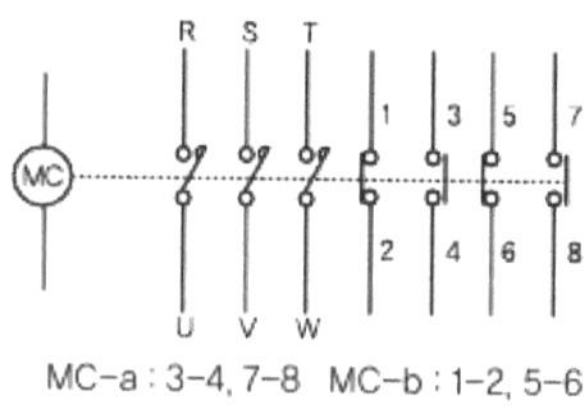

(b) 구조 및 도기호

[그림 2-7] 전자 접촉기(MC)의 외형, 구조 및 도기호

라. 과부하 계전기(THR: Thermal Relay)

과부하 계전기는 열동 계전기 또는 써멀 릴레이라고도 부르며 정격 전류 이상의 과부하 전류가 흐르면 내부에서 발생된 열에 의해 바이메탈이 동작하여 접점을 차단함으로써 전동기의 소손을 방지하는 기기이다. 그러나 최근에는 열동식보다 동작 특성이 우수한 전자식 과전류 계전기인 EOCR(Electronic Overcurrent Relay)이 많이 사용되고 있다. 그리고 앞에서 설명한 전자 접촉기(MC)에 과부하 계전기 또는 전자식 과전류 계전기를 부착한

것을 전자 개폐기라 부른다.

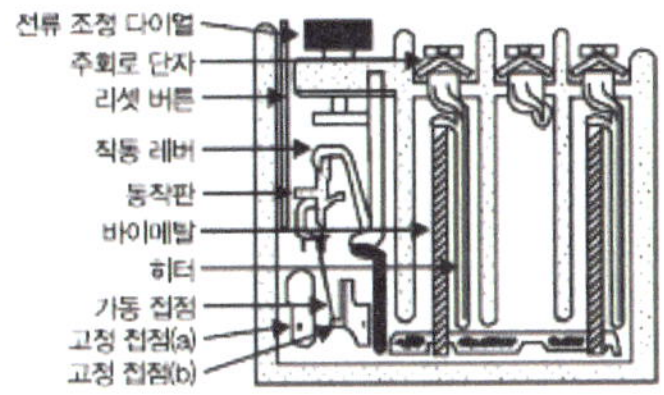

(a) 구조

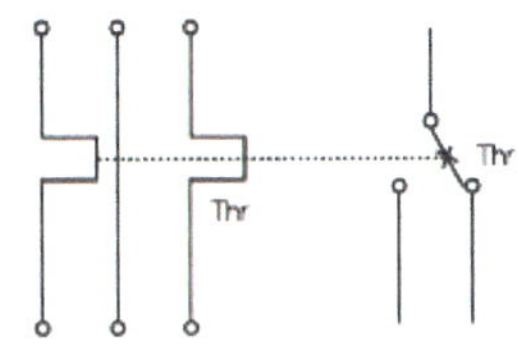

(b) 기호

[그림 2-8] 열동형 계전기(THR)의 구조 및 기호

마. 배선용 차단기

배선용 차단기는 스위치를 on/off 함으로써 통전 중인 전류를 개폐(開閉)하기도 하지만 주목적은 단락 및 과부하로부터 회로를 보호하기 위하여 사용되는 전력기기이다. 단락이나 과부하 시 자동적으로 트립(trip)되어 회로를 자동 차단하며 트립의 원인이 제거된 후 다시 스위치를 올리면 정상 동작을 하게 된다. 트립 동작은 과전류로 인해 발생된 열에 의해 바이메탈이 휘는 원리를 이용한다.

6. 상태 및 경보 표시기

파일럿 램프

부저

경광등

타워 시그널 램프

[그림 2-9] 상태 및 경보 표시 장치

CHAPTER 02

4차 산업혁명 시대,
스마트공장 구축을 위한 스마트 제조 & 시퀀스 및 PLC 기초 실습

기본 회로 이해

1. 자기유지 회로(Self Holding Circuit)

기동 신호(set 신호)에 의해 얻어진 전자 릴레이 자신의 a접점으로 동작 회로를 구성하고 set 신호를 제거해도 스스로 동작을 유지하며, 복귀 신호(reset 신호)를 주어야 원래의 상태로 복귀하는 회로를 자기유지 회로라 한다. 자기유지 회로는 정지(OFF) 우선 회로와 기동(ON) 우선 회로가 있다. 특수 회로를 제외하고는 안정상 정지 우선 회로를 사용하며, 기동 우선 회로는 순서제어, 선택 및 우선 회로에 사용한다.

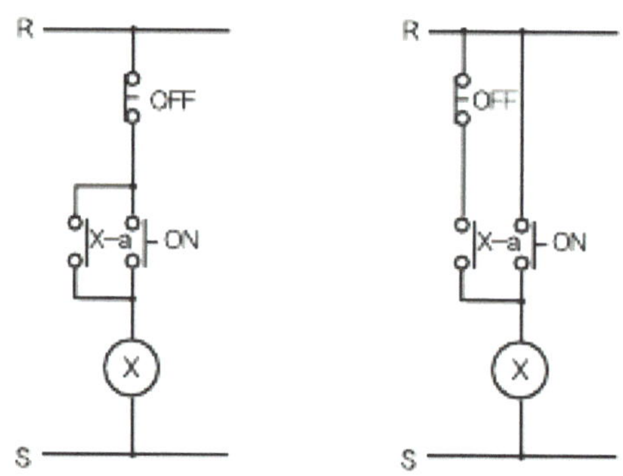

(a) OFF 우선 (b) ON 우선

[그림 2-10] 자기유지 회로

2. 인칭 회로(Inching Circuit)

인칭(Inching or Jog)이란 입력 신호를 주고 있을 때만 동작하는 것으로 조작자의 안전과 기기의 보호 목적으로 사용되며, 천장용 크레인 등에 사용된다.

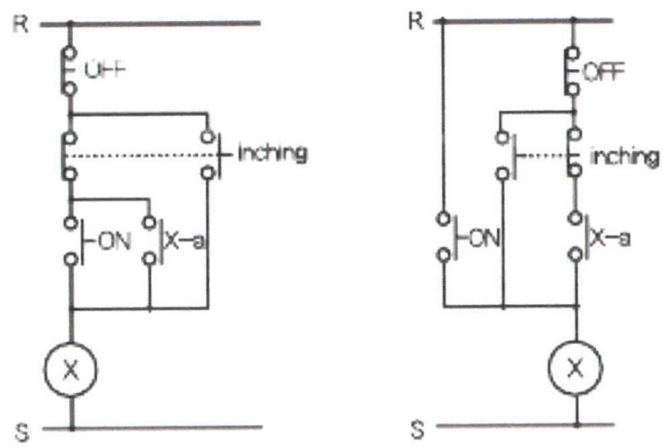

(a) OFF 우선 (b) ON 우선

[그림 2-11] 인칭 회로

3. 인터록 회로(Interlock Circuit)

2개 이상의 다중 입력 중, 먼저 입력된 쪽의 동작이 우선하여 다른 것의 동작을 제한하는 회로를 인터록 회로라고 한다.

예) 퀴즈대회에서 부저를 먼저 누른 사람만 출력 신호가 나오는 회로

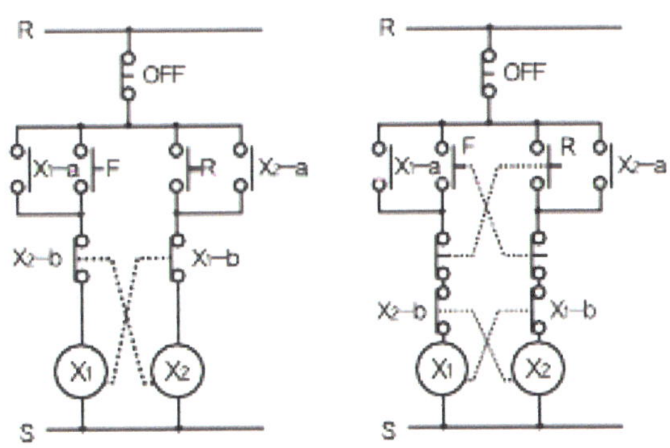

(a) 선 입력 우선 회로 (b) 후 입력 우선 회로

[그림 2-12] 인터록 회로

4. 한시 회로(시간 지연 회로: Time Delay Circuit)

입력 신호가 들어와도 바로 출력 신호를 발생하지 않고, 일정 시간만큼 지연되어 출력을 발생하는 회로를 한시 회로라고 한다. 한시 회로에 사용하는 타이머에는 온딜레이 타이머와 오프딜레이 타이머가 있다.

(a) 시간 지연 회로 (b) 타임 차트

[그림 2-13] 한시 지연 순시 복귀 회로

5. 표시등(PL) 회로 및 경보 회로

파일럿 램프(또는 시그널 램프)의 점등 또는 소등에 따라 기기의 동작(또는 정지) 상태나 밸브 또는 개폐기의 개폐 상태 등을 표시하기 위한 표시등 회로와 기기나 장치의 고장 위치와 원인 등을 표시하는 고장 표시 회로가 있다. 고장 표시 회로와 함께 소리로 고장을 알리는 경보 회로가 같이 사용되기도 한다.

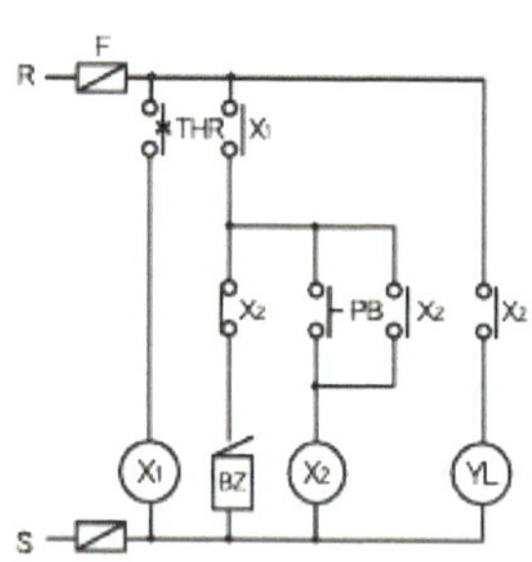

(a) 경보 및 표시등 회로

표시종류	색상	기호
전원	백색	WL, PL
운전	적색	RL
정지	녹색	GL
경보	등색	OL
고장	황색	YL

(b) 표시 종류별 색상 및 기호

[그림 2-14] 표시등 회로

CHAPTER 03

4차 산업혁명 시대,
스마트공장 구축을 위한 스마트 제조 & 시퀀스 및 PLC 기초 실습

실습: 릴레이 시퀀스 회로 구성

1. YES 회로 구성하기	
요구 조건	복귀형 수동 조작 스위치를 누르고 있는 동안 램프가 점등한다. (입력이 ON이면 출력이 ON 되는 회로)

주어진 심벌을 활용하여 전기회로를 수기로 구성한다. 그리고 전기 시퀀스 회로를 실제로 구현하여 동작 여부를 확인한다.

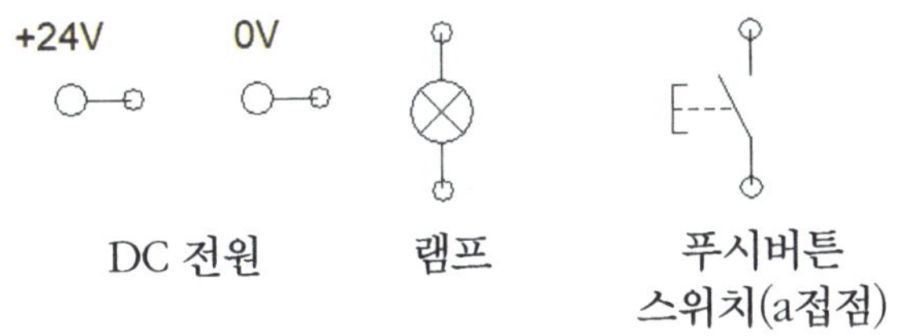

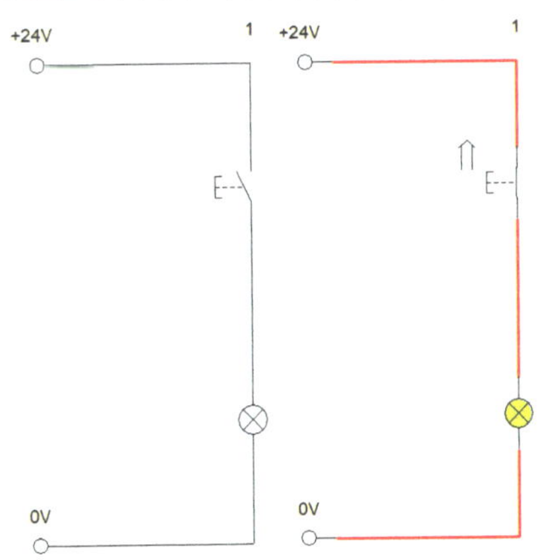

2. NOT 회로 구성하기

요구 조건	복귀형 수동 조작 스위치를 누르고 있는 동안 램프가 소등한다. (입력이 ON이면 출력이 OFF 되는 회로)

주어진 심벌을 활용하여 전기회로를 수기로 구성한다. 그리고 전기 시퀀스 회로를 실제로 구현하여 동작 여부를 확인한다.

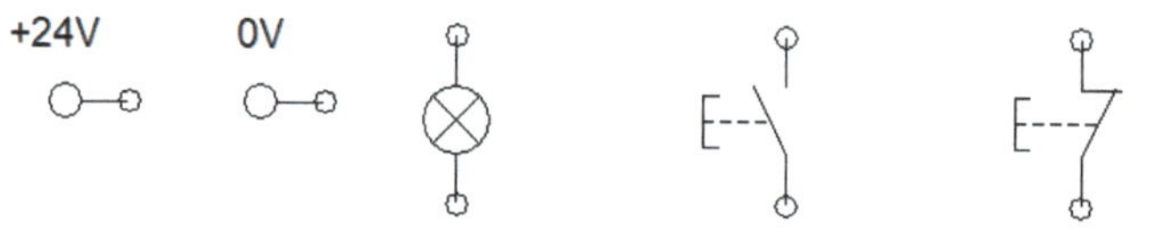

DC 전원 램프 (a접점) (b접점)
푸시버튼 스위치

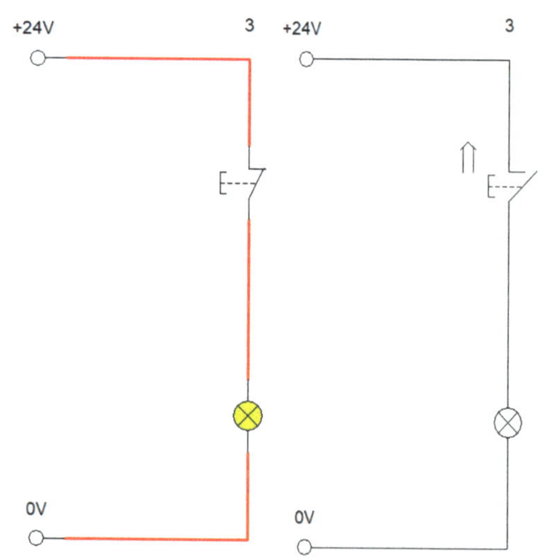

3. AND(직렬) 회로 구성하기

요구 조건	2개의 복귀형 수동 조작 스위치를 함께 누르고 있는 동안 램프가 점등한다. (다수의 입력이 직렬로 연결된 회로)

\# 주어진 심벌을 활용하여 전기회로를 수기로 구성한다. 그리고 전기 시퀀스 회로를 실제로 구현하여 동작 여부를 확인한다.

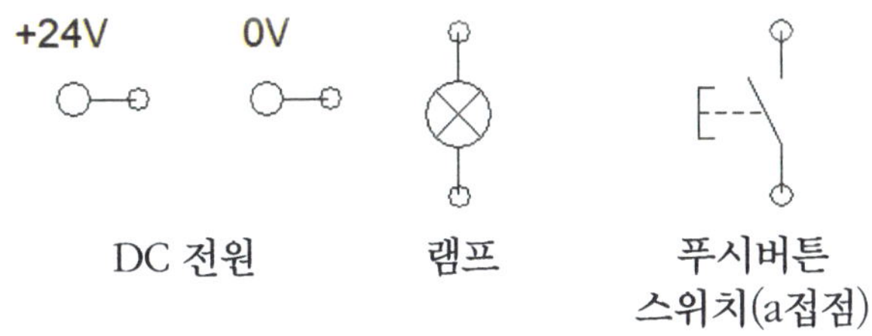

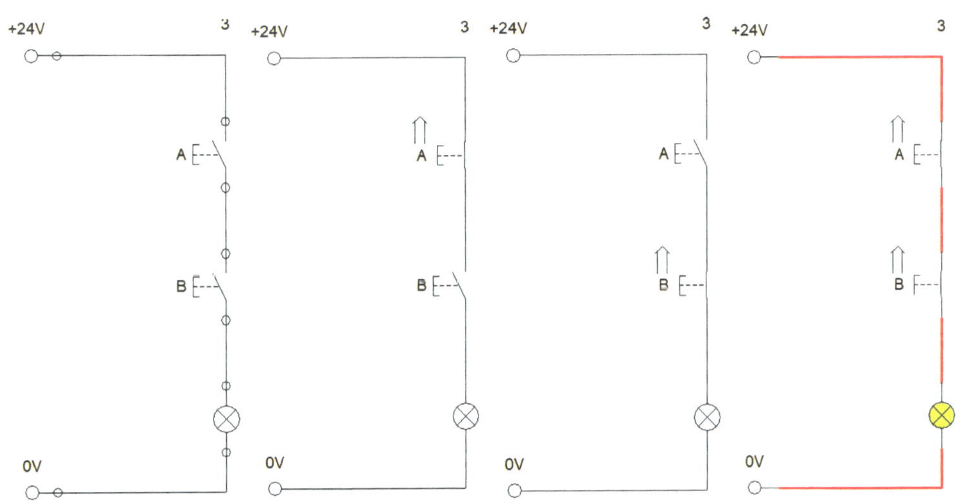

4. OR(병렬) 회로 구성하기	
요구 조건	2개의 복귀형 수동 조작 스위치 중 한 개 이상의 스위치를 누르고 있는 동안 램프가 점등한다. (다수의 입력이 병렬로 연결된 회로)

주어진 심벌을 활용하여 전기회로를 수기로 구성한다. 그리고 전기 시퀀스 회로를 실제로 구현하여 동작 여부를 확인한다.

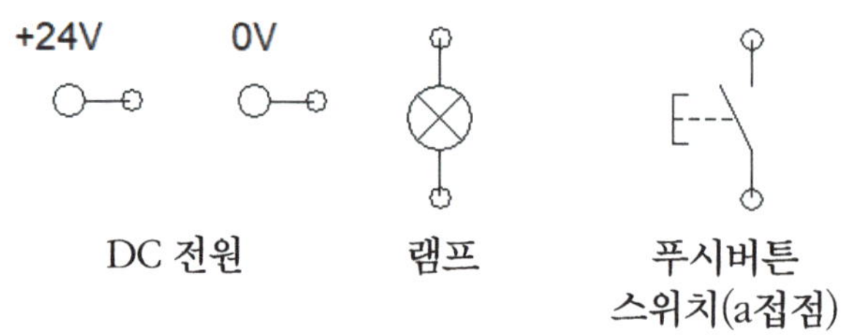

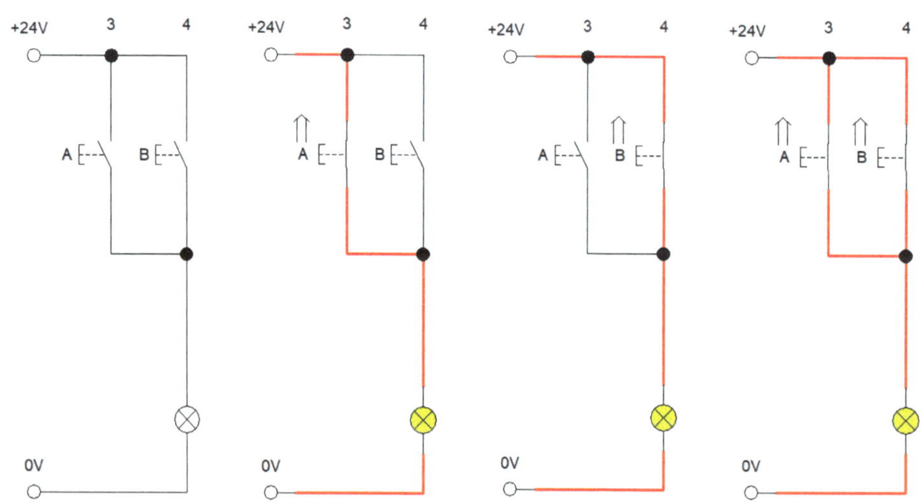

5. NAND 회로 구성하기	
요구 조건	2개의 복귀형 수동 조작 스위치를 함께 누르고 있는 동안에만 램프가 소등한다.

주어진 심벌을 활용하여 전기회로를 수기로 구성한다. 그리고 전기 시퀀스 회로를 실제로 구현하여 동작 여부를 확인한다.

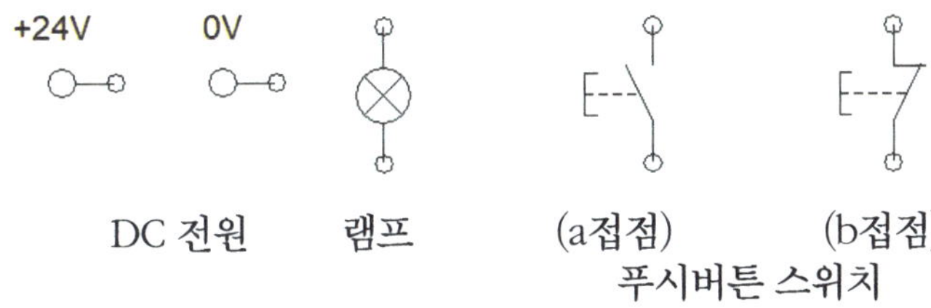

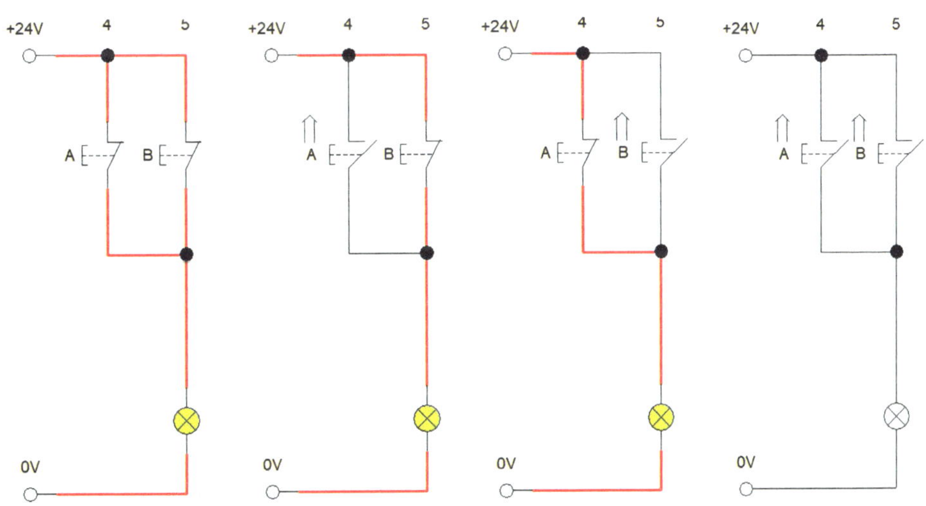

6. NOR 회로 구성하기	
요구 조건	2개의 복귀형 수동 조작 스위치 중에 한 개 이상의 스위치를 누르고 있는 동안 램프가 소등한다.

주어진 심벌을 활용하여 전기회로를 수기로 구성한다. 그리고 전기 시퀀스 회로를 실제로 구현하여 동작 여부를 확인한다.

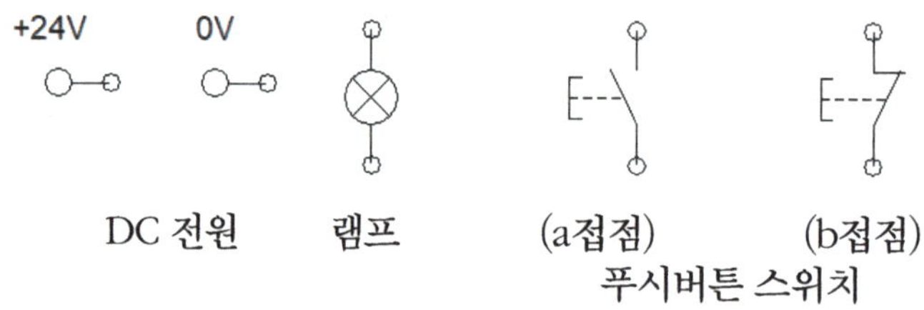

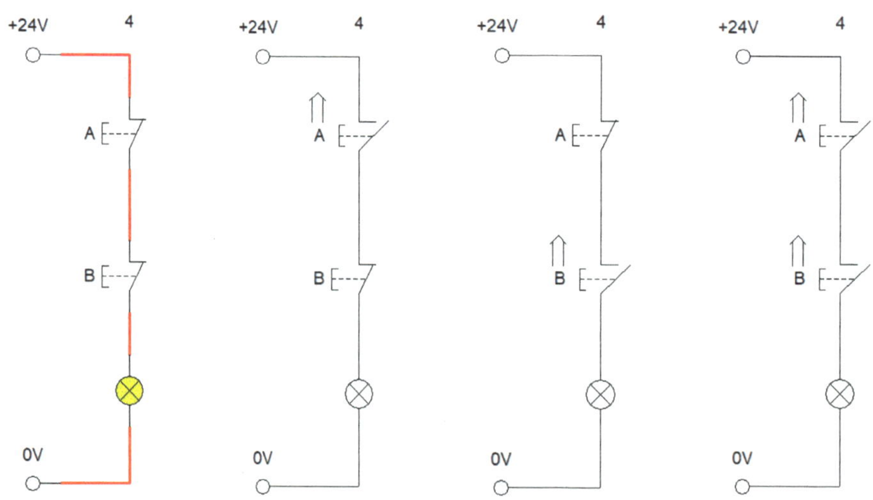

7. Exclushive-OR 회로 구성하기	
요구 조건	2개의 복귀형 수동 조작 스위치 중에 한 개의 스위치만 누르고 있는 동안 램프가 점등한다. (두 입력 신호가 서로 다른 상태에 있을 때 출력이 1이 되는 회로)

주어진 심벌을 활용하여 전기회로를 수기로 구성한다. 그리고 전기 시퀀스 회로를 실제로 구현하여 동작 여부를 확인한다.

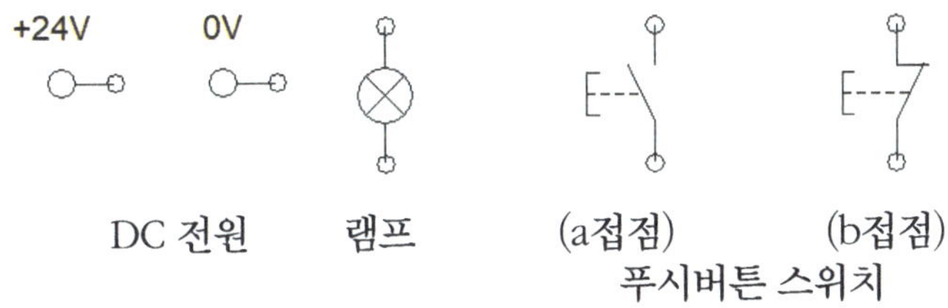

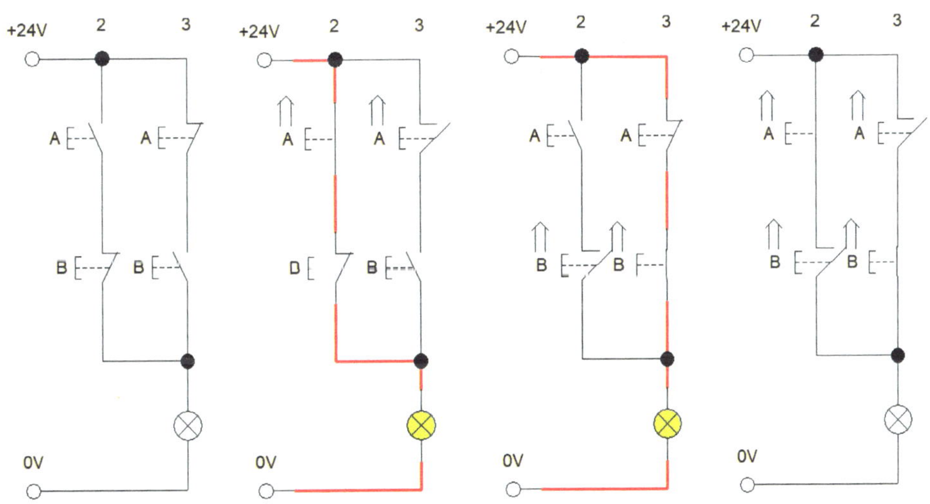

8. Exclushive-NOR 회로 구성하기

요구 조건	2개의 수동 조작 스위치가 모두 같은 상태(둘 다 누름 또는 안 누름)일 때만 점등한다. (두 입력 신호가 서로 같은 상태일 때만 출력이 1이 되는 회로)

주어진 심벌을 활용하여 전기회로를 수기로 구성한다. 그리고 전기 시퀀스 회로를 실제로 구현하여 동작 여부를 확인한다.

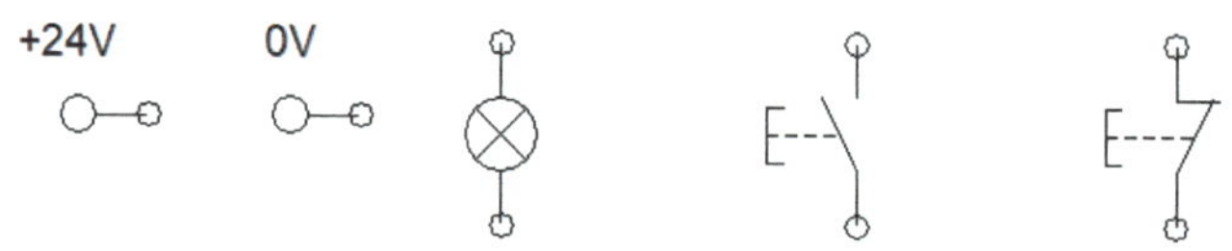

DC 전원 램프 (a접점) (b접점)
푸시버튼 스위치

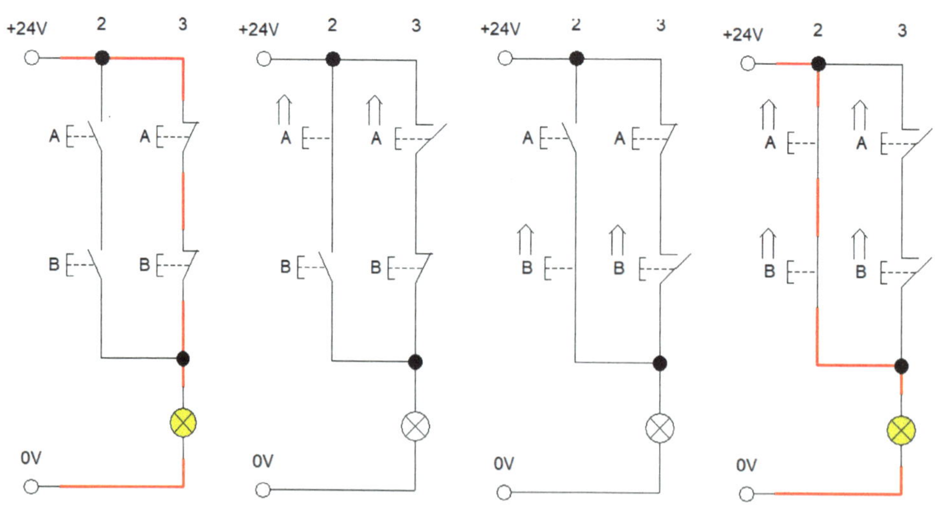

9. 릴레이(계전기) 회로 구성하기

요구 조건	복귀형 수동 조작 스위치를 누르고 있는 동안 릴레이가 동작하여 램프가 점등한다.

주어진 심벌을 활용하여 전기회로를 수기로 구성한다. 그리고 전기 시퀀스 회로를 실제로 구현하여 동작 여부를 확인한다.

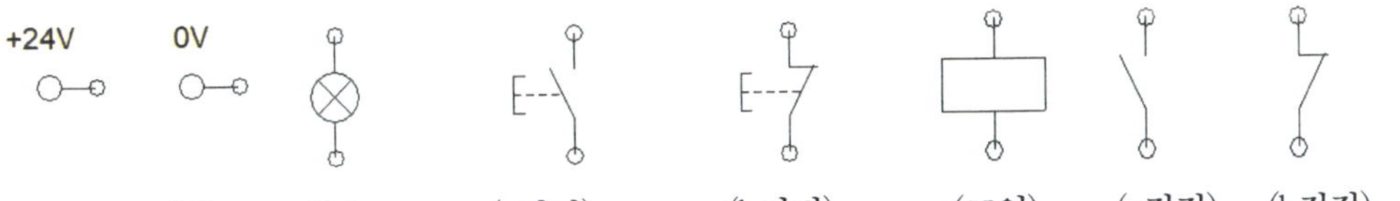

DC 전원　램프　(a접점)　(b접점)　(코일)　(a접점)　(b접점)

푸시버튼 스위치　릴레이

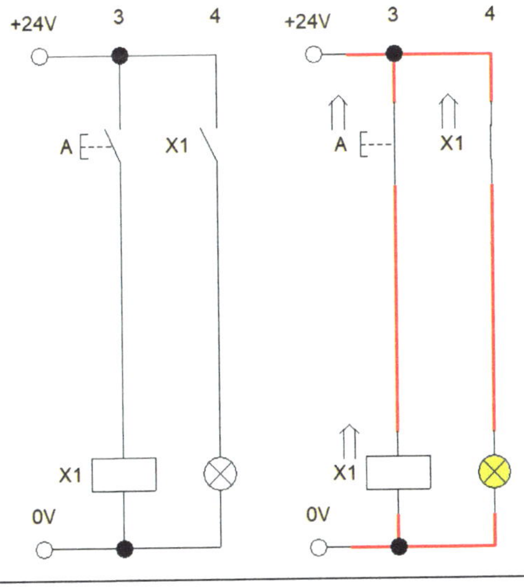

10. 자기유지 회로 구성하기(1)	
요구 조건	앞의 과제는 램프의 ON, OFF를 수동 조작 스위치에 의한 직접 제어 방식에서 릴레이에 의한 간접 제어 방식으로 변경한 것이다. 이번에는 스위치를 눌렀다 떼어도 램프가 계속 점등되어 있는 회로로 변경한다.

주어진 심벌을 활용하여 전기회로를 수기로 구성한다. 그리고 전기 시퀀스 회로를 실제로 구현하여 동작 여부를 확인한다.

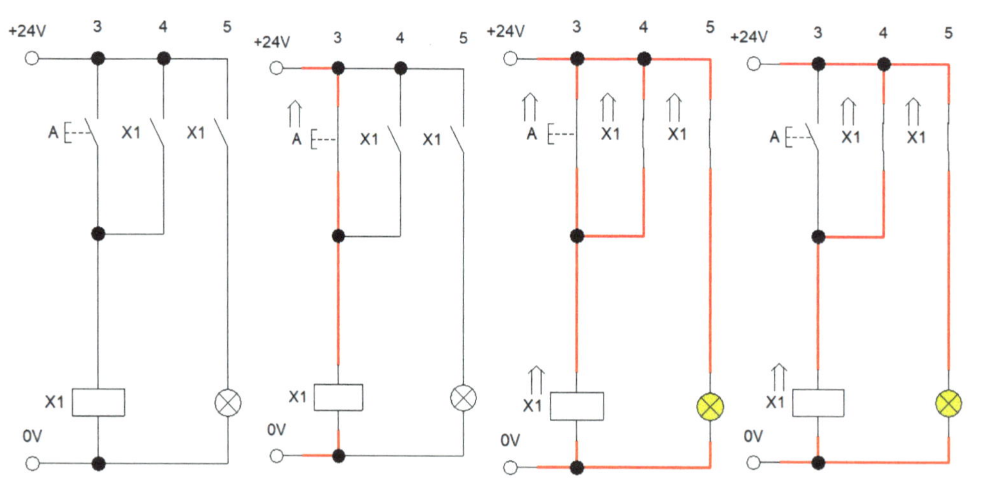

11. 자기유지 회로 구성하기(OFF 우선 자기유지 회로)

요구 조건	앞 과제의 문제점은 한 번 점등된 램프를 소등할 수 없다는 것이다. 이번에는 정지용 수동 조작 스위치를 추가하여 자기유지를 해제하는 회로를 구성한다.

주어진 심벌을 활용하여 전기회로를 수기로 구성한다. 그리고 전기 시퀀스 회로를 실제로 구현하여 동작 여부를 확인한다.

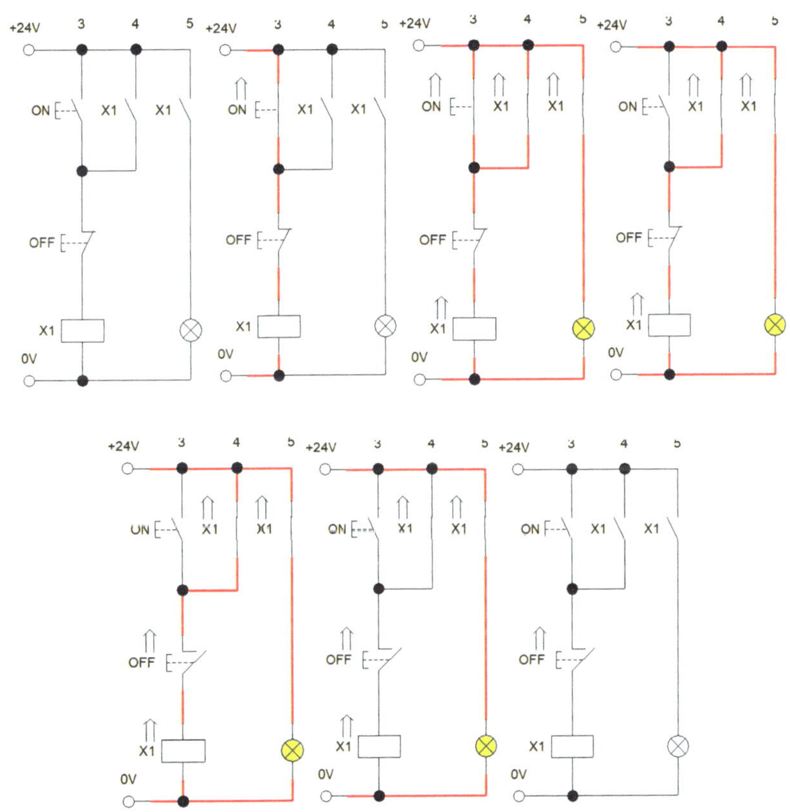

12. 자기유지 회로 구성하기(ON 우선 자기유지 회로)	
요구 조건	연습 11은 ON 스위치와 OFF 스위치를 동시에 누르고 있으면 릴레이가 동작하지 않는 OFF 우선 자기유지 회로이다. 이번에는 ON 스위치와 OFF 스위치를 동시에 누르고 있으면 릴레이가 동작하는 ON 우선 자기유지 회로를 구성한다.

주어진 심벌을 활용하여 전기회로를 수기로 구성한다. 그리고 전기 시퀀스 회로를 실제로 구현하여 동작 여부를 확인한다.

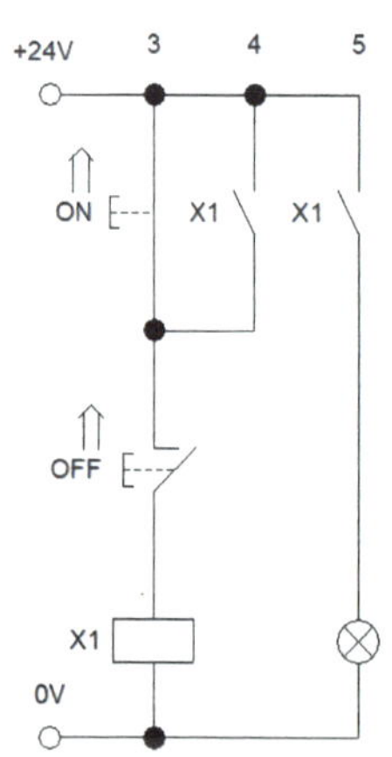

OFF(RESET) 우선
자기유지 회로

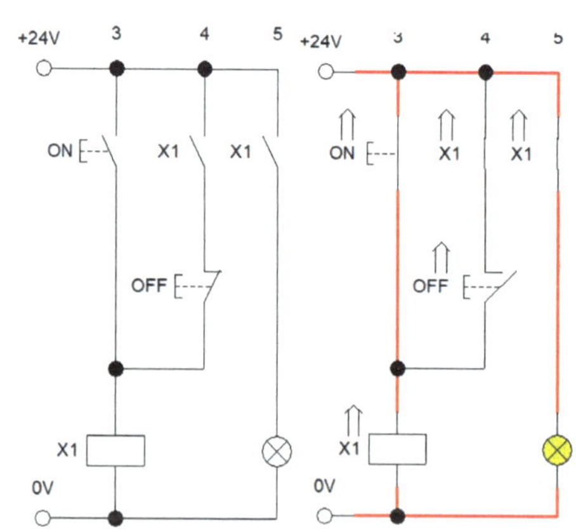

ON(SET) 우선
자기유지 회로

13. 인터록 회로 구성하기

요구 조건	2개의 스위치 중 먼저 누른쪽의 램프가 우선으로 점등하여 나중에 누른 쪽의 램프가 점등하지 못하도록 하는 회로를 구성한다.

주어진 심벌을 활용하여 전기회로를 수기로 구성한다. 그리고 전기 시퀀스 회로를 실제로 구현하여 동작 여부를 확인한다.

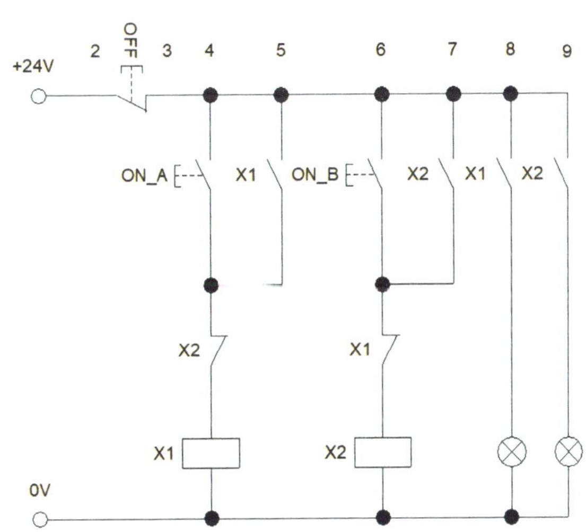

14. 타이머 회로 구성하기(ON Delay Timer)	
요구 조건	ON 스위치를 누르면 5초 뒤에 램프가 점등하고 OFF 스위치를 누르면 램프가 소등한다. (ON Delay 타이머 사용)

주어진 심벌을 활용하여 전기회로를 수기로 구성한다. 그리고 전기 시퀀스 회로를 실제로 구현하여 동작 여부를 확인한다.

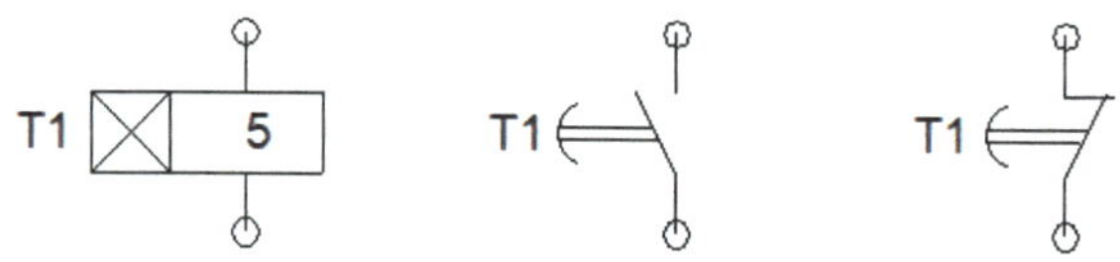

코일　　(a접점)　　(b접점)

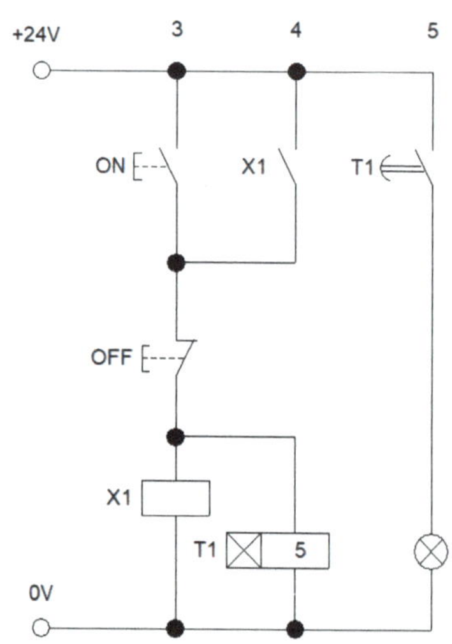

15. 타이머 회로 구성하기(OFF Delay Timer_1)

요구 조건	ON 스위치를 누르면 램프가 즉시 점등하고 OFF 스위치를 누르면 5초 뒤에 램프가 소등한다. (ON Delay 타이머 사용)

주어진 심벌을 활용하여 전기회로를 수기로 구성한다. 그리고 전기 시퀀스 회로를 실제로 구현하여 동작 여부를 확인한다.

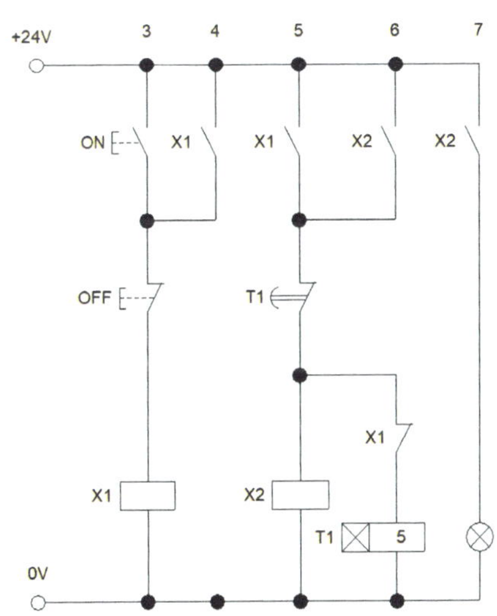

16. 타이머 회로 구성하기(OFF Delay Timer_2)

요구 조건	ON 스위치를 누르면 램프가 즉시 점등하고 OFF 스위치를 누르면 5초 뒤에 램프가 소등한다. (OFF Delay 타이머 사용)

주어진 심벌을 활용하여 전기회로를 수기로 구성한다. 그리고 전기 시퀀스 회로를 실제로 구현하여 동작 여부를 확인한다.

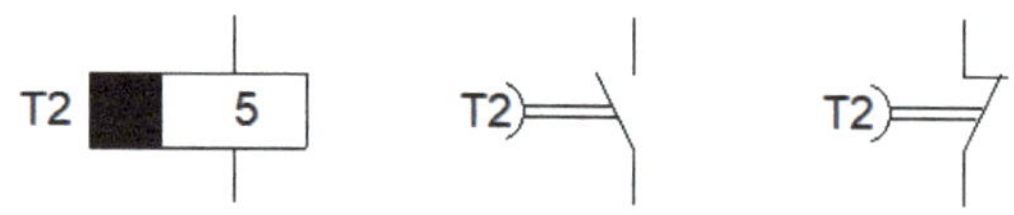

코일 (a접점) (b접점)

OFF Delay 타이머

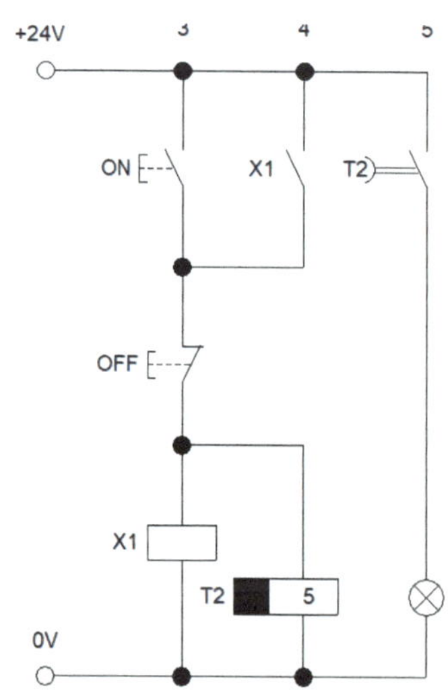

17. 타이머 회로 구성하기(Interval Timer)	
요구 조건	ON 스위치를 누르면(또는 센서가 동작하면) 램프가 즉시 점등하고 5초 뒤에 램프가 자동으로 소등한다. (ON Delay 타이머 사용)

주어진 심벌을 활용하여 전기회로를 수기로 구성한다. 그리고 전기 시퀀스 회로를 실제로 구현하여 동작 여부를 확인한다.

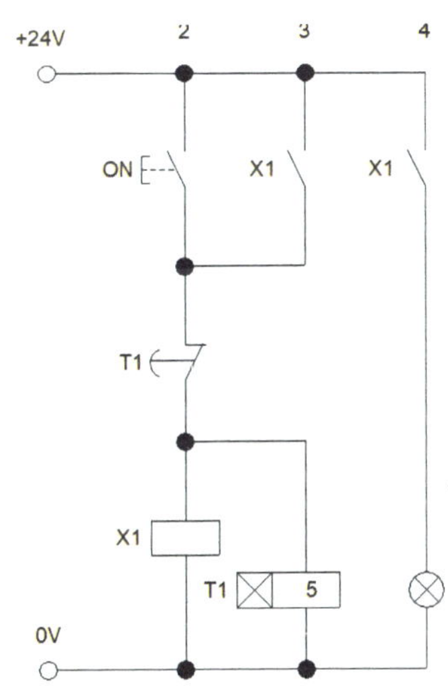

18. 타이머 회로 구성하기(Flicker Timer_1)	
요구 조건	ON 스위치를 누르면 램프가 2초 간격(1초 Off, 1초 On)으로 점멸하고 OFF 스위치를 누르면 소등한다. (ON Delay 타이머 사용)

주어진 심벌을 활용하여 전기회로를 수기로 구성한다. 그리고 전기 시퀀스 회로를 실제로 구현하여 동작 여부를 확인한다.

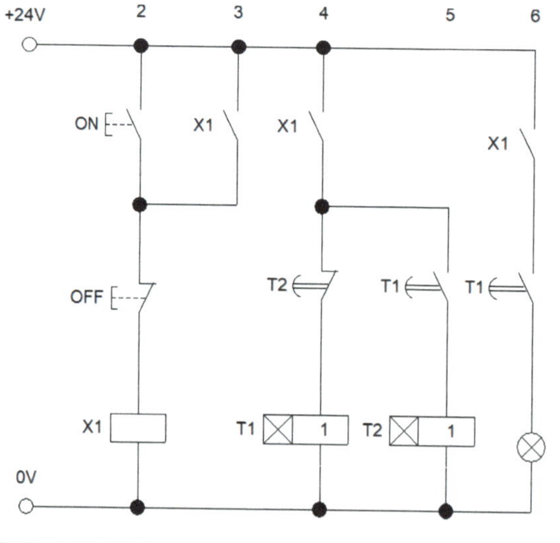

19. 타이머 회로 구성하기(Flicker Timer_2)

요구 조건	ON 스위치를 누르면 램프가 2초 간격(1초 ON, 1초 OFF)으로 점멸하고 OFF 스위치를 누르면 소등한다. (ON Delay 타이머 사용)

\# 주어진 심벌을 활용하여 전기회로를 수기로 구성한다. 그리고 전기 시퀀스 회로를 실제로 구현하여 동작 여부를 확인한다.

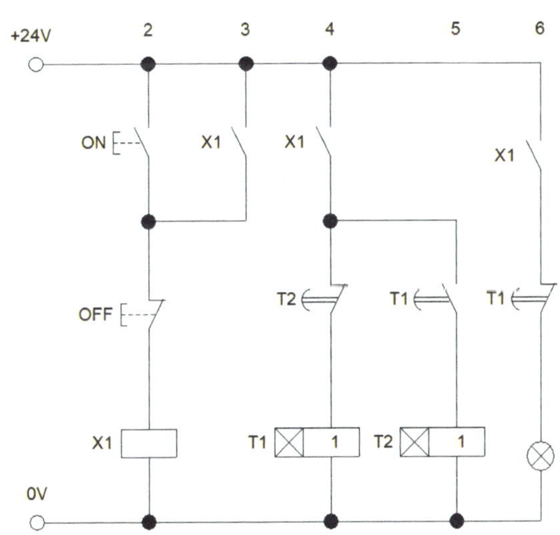

20. 카운터 회로 구성하기

요구 조건	ON 스위치의 누른 횟수를 카운트하여 5번이 되면 램프가 점등한다. 리셋 버튼을 누르면 카운트 현재값은 0이되고 램프는 소등한다.

주어진 심벌을 활용하여 전기회로를 수기로 구성한다. 그리고 전기 시퀀스 회로를 실제로 구현하여 동작 여부를 확인한다.

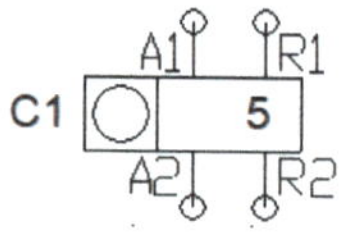

(카운터 입력(A1, A2), 카운터 리셋 입력(R1. R2))
주) 실습에 사용하는 카운터는 감산 카운터이다.

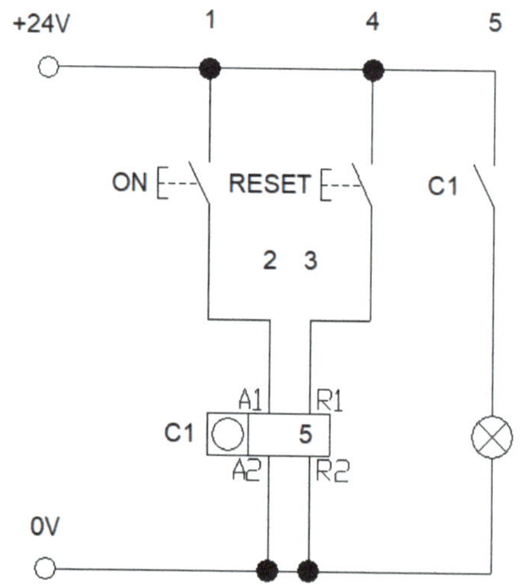

21. 타이머와 카운터 회로 구성하기

요구조건	ON 스위치를 누를 때 마다 램프가 2초 간격(1초 ON, 1초 OFF)으로 10회 점멸한다.

주어진 심벌을 활용하여 전기회로를 수기로 구성한다. 그리고 전기 시퀀스 회로를 실제로 구현하여 동작 여부를 확인한다.

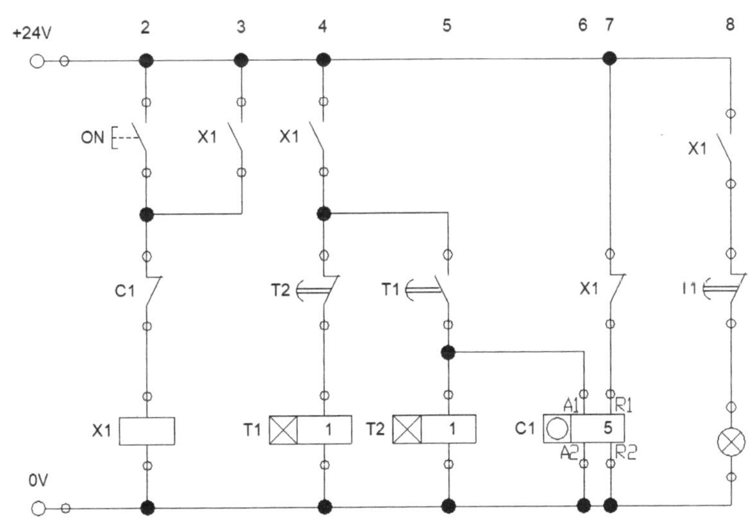

22. 후입 우선 회로 구성하기	
요구 조건	선풍기 동작 회로를 구성한다. 총 3단으로 동작하는 선풍기로 1단(저속), 2단(중속), 3단(고속)으로 동작한다. 단수에 해당 하는 스위치를 누르면 설정된 속도로 즉시 동작한다. 동작 중에 OFF 스위치를 누르면 즉시 정지한다.

주어진 심벌을 활용하여 전기회로를 수기로 구성한다. 그리고 전기 시퀀스 회로를 실제로 구현하여 동작 여부를 확인한다.

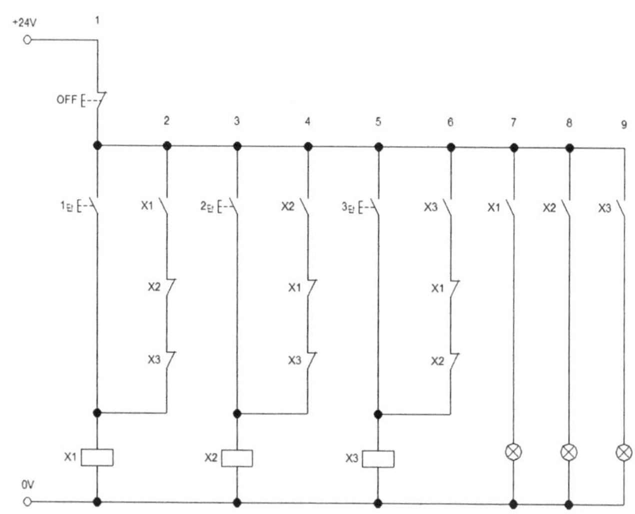

23. 체인 회로 구성하기

요구 조건	선행 동작이 있어야 후행 동작을 할 수 있는 회로를 체인 회로라 한다. 세 개의 스위치로 각 램프를 제어한다. 이때 램프는 순차적으로만 점등한다. (L1 → L2 → L3)

주어진 심벌을 활용하여 전기회로를 수기로 구성한다. 그리고 전기 시퀀스 회로를 실제로 구현하여 동작 여부를 확인한다.

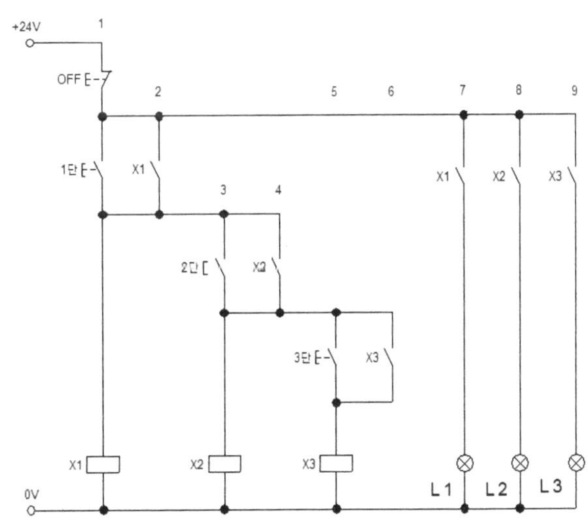

24. 공압 실린더 회로 구성하기

요구 조건	전진 스위치를 누르면 실린더는 전진하고, 후진 스위치를 누르면 실린더는 후진한다.

주어진 심벌을 활용하여 전기회로를 수기로 구성한다. 그리고 전기 시퀀스 회로를 실제로 구현하여 동작 여부를 확인한다.

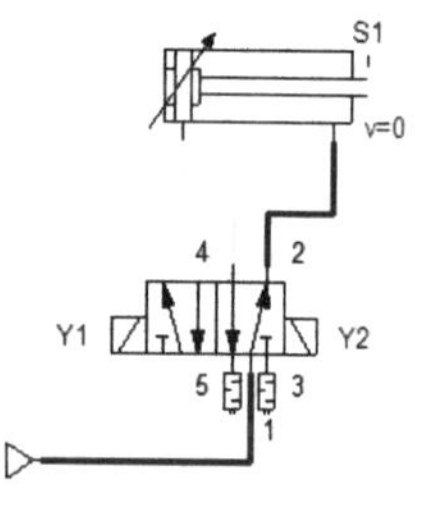

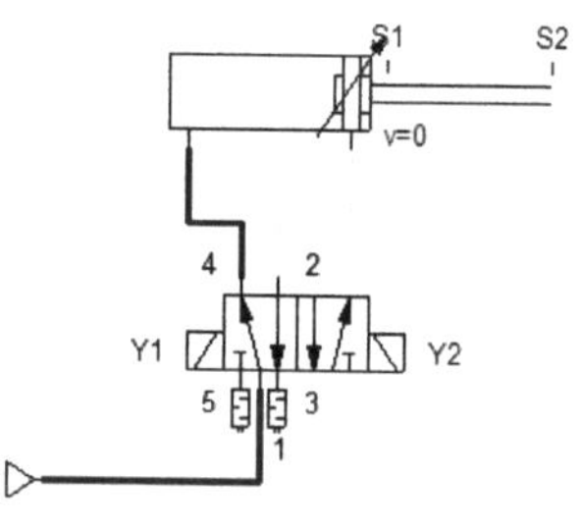

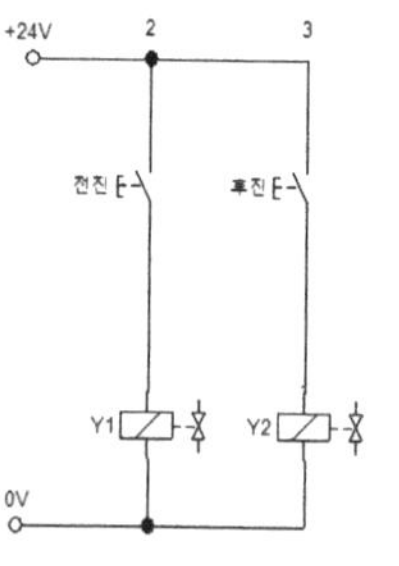

25. 공압 실린더 회로 구성하기(미터인 방식)

요구 조건	전진 스위치를 누르면 실린더는 전진하고, 후진 스위치를 누르면 실린더는 후진한다. 이때 실린더의 전, 후진 속도를 유량 조절 밸브로 제어한다. (공급하는 유량을 조절)

주어진 심벌을 활용하여 전기회로를 수기로 구성한다. 그리고 전기 시퀀스 회로를 실제로 구현하여 동작 여부를 확인한다.

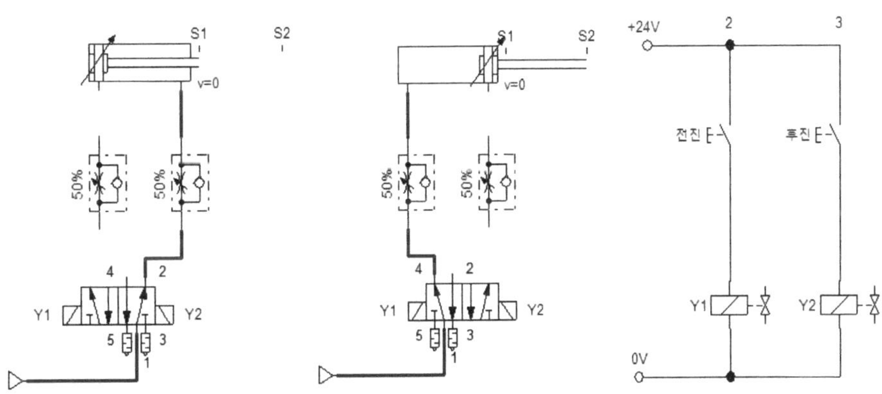

26. 공압 실린더 회로 구성하기(미터아웃 방식)	
요구 조건	전진 스위치를 누르면 실린더는 전진하고, 후진 스위치를 누르면 실린더는 후진한다. 이때 실린더의 전, 후진 속도를 유량 조절 밸브로 제어한다. (배기하는 유량을 조절)

주어진 심벌을 활용하여 전기회로를 수기로 구성한다. 그리고 전기 시퀀스 회로를 실제로 구현하여 동작 여부를 확인한다.

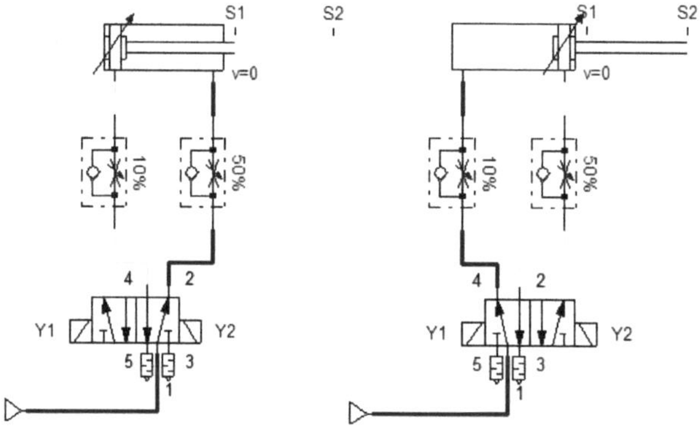

27. 순차 회로 구성하기

요구 조건	ON 스위치를 누르면 실린더는 다음과 같이 동작한다. (A+, A-)

주어진 심벌을 활용하여 전기회로를 수기로 구성한다. 그리고 전기 시퀀스 회로를 실제로 구현하여 동작 여부를 확인한다.

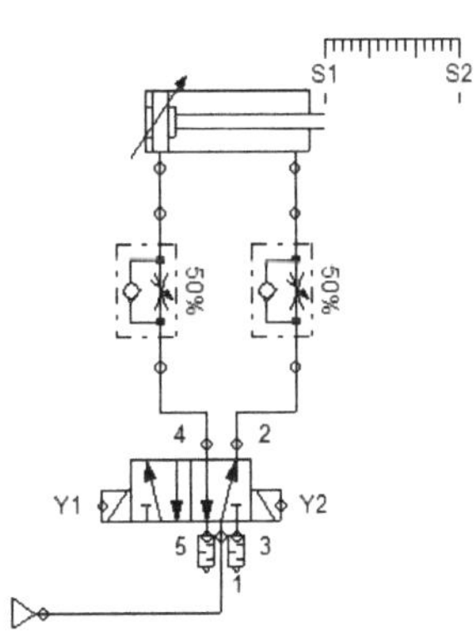

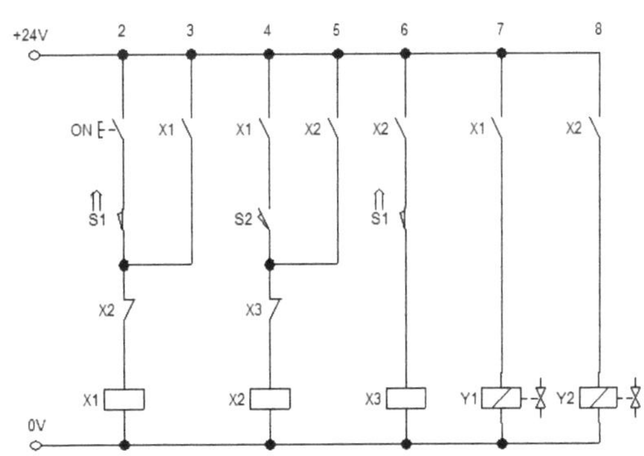

28. DC 모터의 정역 제어

요구 조건	정회전과 역회전 버튼을 누르고 있는 동안만 모터가 정·역회전하는 전기 시퀀스 회로 구성하기

주어진 조건을 만족하는 전기 시퀀스 회로를 설계하고, 전기 시퀀스 회로를 실제로 구현하여 동작 여부를 확인하시오.

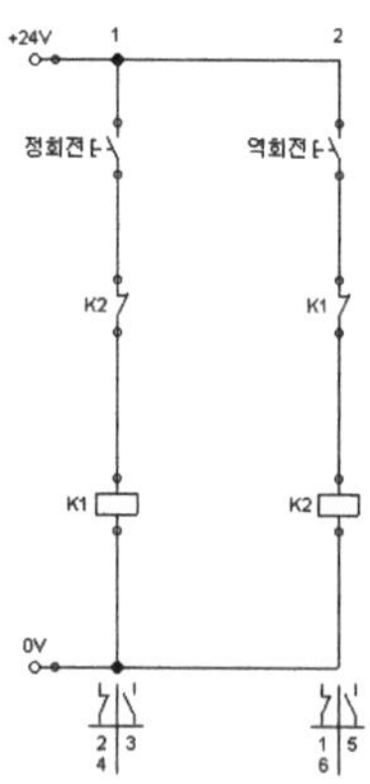

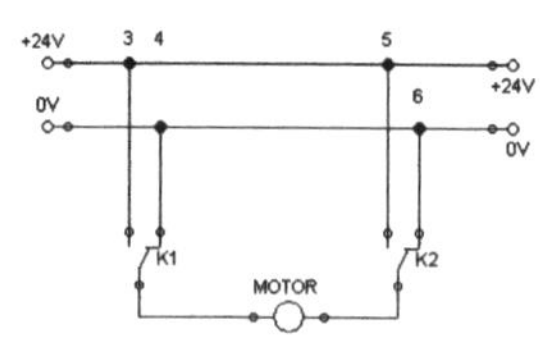

29. DC 모터의 정역 제어(자기유지)

요구 조건	과제 1 회로에 추가로 자기유지 기능을 이용하여 정회전과 역회전하는 전기 시퀀스 회로 구성하기

주어진 조건을 만족하는 전기 시퀀스 회로를 설계하고, 전기 시퀀스 회로를 실제로 구현하여 동작 여부를 확인하시오.

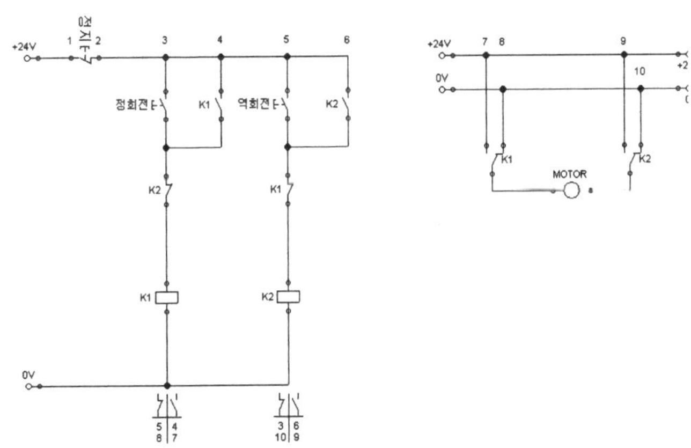

30. 타이머를 이용한 모터 제어

요구 조건	시작 버튼을 누르면 DC 모터는 다음 순서에 의해 동작하는 전기 시퀀스 회로 설계 (정회전 5초 → 정지 1초 → 역회전 5초 → 정지)

아래 주어진 전기 시퀀스 회로도를 가지고 타이머를 이용한 DC 모터 정역 제어회로를 구성하고, 구성한 회로가 정상 작동하는지 확인한 후, 문제점이 있으면 정상 작동할 수 있도록 재작업한다.

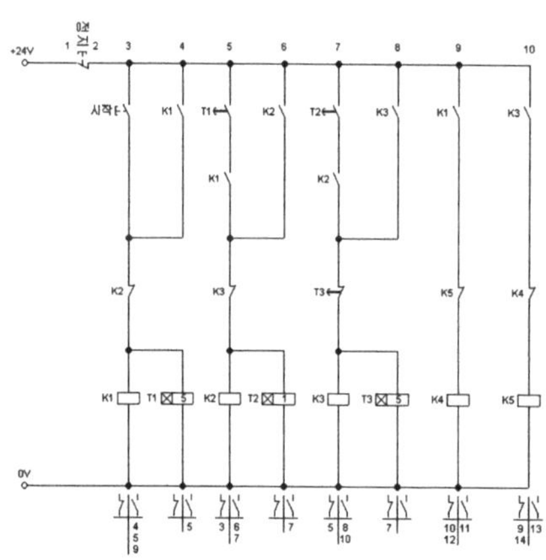

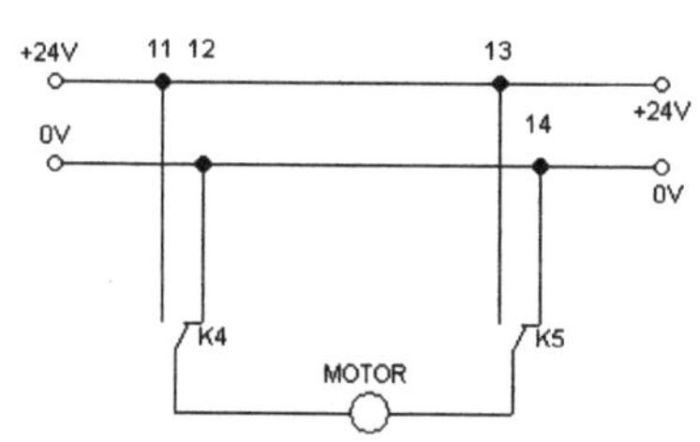

PART Ⅲ PLC

단원 소개

PLC의 출현 배경에 대해 살펴보고 PLC의 구조와 CPU의 메모리에 대하여 학습한다.

CHAPTER 01

4차 산업혁명 시대,
스마트공장 구축을 위한 스마트 제조 & 시퀀스 및 PLC 기초 실습

PLC란

학습 목표

1. PLC의 구조에 대하여 설명할 수 있다.
2. PLC CPU의 메모리에 대하여 설명할 수 있다.
3. 릴레이 시퀀스와 PLC 프로그램의 차이점에 대하여 설명할 수 있다.

1. PLC의 정의

PLC는 Programmable Logic Controller 또는 시퀀스 컨트롤러(SC)라고도 한다. PLC는 "입·출력부를 통해 각종 기기를 제어하는 것으로 프로그램이 가능한 명령을 기억하기 위한 메모리를 내장한 전자기기"라고 정의되어 있다.

종래에 사용하던 제어반 내의 릴레이, 타이머, 카운터 등의 기능을 LSI, 트랜스터 등의 반도체 소자로 대체시켜, 기본적인 시퀀스 제어 기능에 수치 연산 기능을 추가하여 프로그램 제어가 가능하도록 한 자율성이 높은 제어 장치이다.

PLC는 미국 전기공업회 규격(NEMA: National Electrical Manufacturers Association)에서 "디지털 또는 아날로그 입출력 모듈을 통하여 로직, 시퀀싱, 타이밍, 카운팅, 연산과 같은 특수한 기능을 수행하기 위하여 프로그램 가능한 메모리에 사용하고 여러 종류의 기계나 프로세서를 제어하는 디지털 동작의 전자 장치"로 정의하고 있다.

2. PLC의 출현 동기

산업 사회가 점차 대규모, 고도화, 복잡화에 따라 다양한 형태의 제어 시스템이 요구되었으며, 각 공정들의 유기적 연결을 위해 더욱 고도화된 제어 시스템이 필요하게 되었다.

자동화를 위한 지금까지의 제어 시스템은 회로도에 따라 여러 관련 소자(Relay, Contractor, Timer, Counter 등)들을 연결하여 사용함으로써 실제 배선 작업이 어렵고, 시퀀스 제어를 위하여 많은 공간이 필요하였으며, 처리 속도에 한계가 있다는 문제점이 발생하였다. 따라서 제어 시스템을 변경하기 위해서는 많은 시간과 비용이 소요되었다.

이러한 여러 원인에 의하여 1968년 미국의 자동차 메이커인 제너럴 모터스(General Motors)사가 PLC의 10가지 조건을 제시하였으며, 이러한 조건이 PLC 개발의 계기가 되었다.

3. PLC의 적용 분야

설비의 자동화와 고능률화의 요구에 따라 PLC의 적용 범위는 확대되고 있다.

특히 공장 자동화와 FMS(Flexible Manufacturing System)에 따른 PLC의 요구는 과거 중규모 이상의 릴레이 제어반 대체 효과에서 현재 고기능화, 고속화의 추세로 소규모 공작 기계에서 대규모 시스템 설비에 이르기까지 적용되고 있다.

표 3-1은 PLC 제어 대상에 따른 적용 분야를 나타낸 것이다.

[표 3-1] PLC 적용 분야

분야	PLC 적용 분야
식료 산업	컨베이어 총괄 제어, 생산라인 자동 제어
제철, 제강 산업	작업장 하역 제어, 원료 수송 제어, 압연 라인 제어, 하역 운반 제어
섬유, 화학공업	원료 수입 출하 제어, 식소 염색 라인 제이
자동차 산업	전송 라인 제어, 자동 조립 라인 제어, 도장 라인 제어, 용접기 제어
기계 산업	산업용 로봇 제어, 공작 기계 제어, 송·배수 펌프 제어
상하수도	정수장 제어, 하수 처리 제어, 송·배수 펌프 제어
물류 산업	자동 창고 제어, 하역 설비 제어, 반송 라인 제어
공장 설비	압축기 제어
공해 방지 사업	쓰레기 소각로 자동 제어, 공해 방지기 제어

CHAPTER 02

4차 산업혁명 시대,
스마트공장 구축을 위한 스마트 제조 & 시퀀스 및 PLC 기초 실습

PLC의 구조

1. 하드웨어 구조

1) 전체 구성

PLC는 중앙처리장치(CPU), 입·출력부, 전원부 그리고 주변 장치로 구성되어 있다.

중앙처리장치(CPU)는 마이크로프로세서(microprocessor) 및 메모리를 중심으로 구성되어 인간의 두뇌 역할을 하며, 입력부는 스위치와 센서 등의 입력 신호를 받아 CPU로 전달하며 출력부는 연산의 결괏값을 출력 장치인 전자 개폐기나 솔레노이드 등의 외부 출력 장치로 신호를 전달한다. 그리고 전원부는 각 부에 전원을 공급하고 있다. [그림 3-1]은 PLC 의 전체 구성도를 나타낸 것이다.

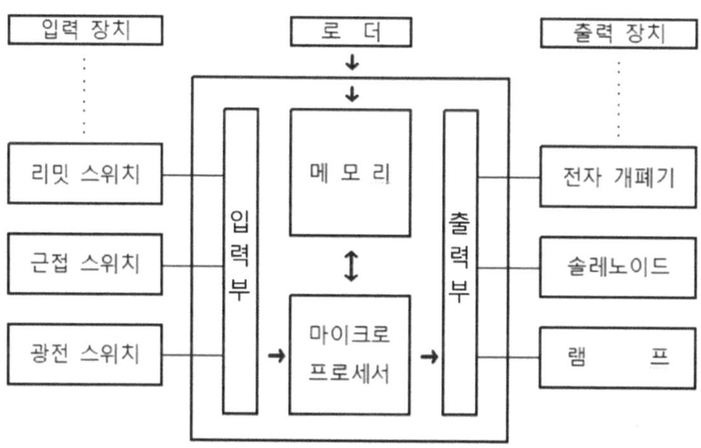

[그림 3-1] PLC의 전체 구성도

2) CPU 연산부

CPU는 인간의 두뇌에 해당하는 부분으로서 메모리에 저장되어 있는 프로그램을 분석하여 처리 내용을 실행한다. 이 절차는 매우 빠른 속도로 반복되며 모든 정보는 2진수(Binary)로 처리된다.

3) CPU의 메모리

① 메모리 소자의 종류

IC 메모리 종류에는 ROM(Read Only Memory)과 RAM(Random Access Memory)이 있다.

- ROM(Read Only Memory)
- RAM(Random Access Memory)

ROM 은 읽기 전용으로, 메모리 내용을 변경할 수 없으며 고정된 정보를 써 넣는다. 이 영역의 정보는 전원이 끊어져도 기억 내용이 보존되는 비휘발성 메모리이다.

RAM은 메모리에 정보를 수시로 읽고 쓰기가 가능하여 정보를 일시 저장하는 용도로 사용되나, 전원이 끊어지면 기억시킨 정보 내용을 상실하는 휘발성 메모리이다. 그러나 필요에 따라 RAM 영역 일부를 배터리 백업(battery back-up)에 의하여 비휘발성 영역으로 사용할 수 있다.

② 메모리 내용

PLC의 메모리는 사용자 프로그램 메모리, 데이터 메모리, 시스템 메모리 등의 3가지로 구분된다.

- 프로그램 메모리
- 데이터 메모리
- 시스템 메모리

사용자 프로그램 메모리는 제어하고자 하는 시스템 규격에 따라 사용자가 작성한 프로그램이 저장되는 영역으로 제어 내용이 프로그램 완성 전이나 완성 후에도 바뀔 수 있으므로 RAM이 사용된다.

프로그램이 완성되어 고정이 되면 ROM에 저장하면 ROM 운전을 할 수 있다.

데이터 메모리는 입 · 출력 릴레이, 보조 릴레이, 타이머와 카운터의 접점 상태 및 설정값, 현재값 등의 정보가 저장되는 영역으로 정보가 수시로 바뀌므로 RAM 영역이 사용된다.

시스템 메모리는 PLC 제작 회사에서 작성한 시스템 프로그램이 저장되는 영역이다. 이 시스템 프로그램은 PLC의 기능이나 성능을 결정하는 중요한 프로그램으로, PLC 제작 회사에서 직접 ROM에 써 넣는다.

4) PLC의 입·출력부

PLC의 입 · 출력부는 현장의 외부 기기에 직접 접속하여 사용한다. PLC 내부는 DC+5(V)의 전원(TTL 레벨)을 사용하지만 입 · 출력부는 다른 전압 레벨(DC24V, AC220V 등)을 사용하므로 PLC 내부와 입 · 출력의 접속(interface)은 시스템 안정에 매우 중요한 요소가 된다.

PLC의 입 · 출력부는 다음의 사항이 요구된다.

① 외부 기기와 전기적 규격이 일치해야 한다.

② 외부 기기로부터 노이즈가 CPU 쪽에 전달되지 않도록 해야 한다. [포토커플러(photocoupler) 사용]

③ 외부 기기와 접속이 용이해야 한다.

④ 입출력의 각 접점 상태를 감시할 수 있어야 한다(LED 부착). 입력부는 외부 기기의 상태를 검출하거나 조작 패널을 통해 외부 장치의 움직임을 지시하고 출력부는 외부 기기를 움직이거나 상태를 표시한다.

입·출력부에 접속되는 외부 기기 예는 [표 3-2]와 같다.

[표 3-2] PLC의 입출력 기기

I/O	구분	부착 장소	외부 기기의 명칭
입력부	조작 입력	제어반과 조작반	푸시 버튼 스위치 선택 스위치 토글 스위치
	검출 입력(센서)	기계 장치	리밋 스위치 광전 스위치 근접 스위치 레벨 스위치
출력부	표시 경보 출력	제어반 및 조작반	파일럿 램프 부저
	구동 출력(액추에이터)	기계 장치	전자 밸브 전자 클러치 전자 브레이크 전자 개폐기

가. 입력부

외부 기기로부터의 신호를 CPU의 연산부로 전달해 주는 역할을 한다. 입력의 종류로는 DC24[V], AC110[V] 등이 있고, 그 밖의 특수 입력 모듈로는 아날로그 입력(A/D) 모듈, 고속 카운터(high speed counter) 모듈 등이 있다.

입력부 회로의 예는 [그림 3-2]와 같다.

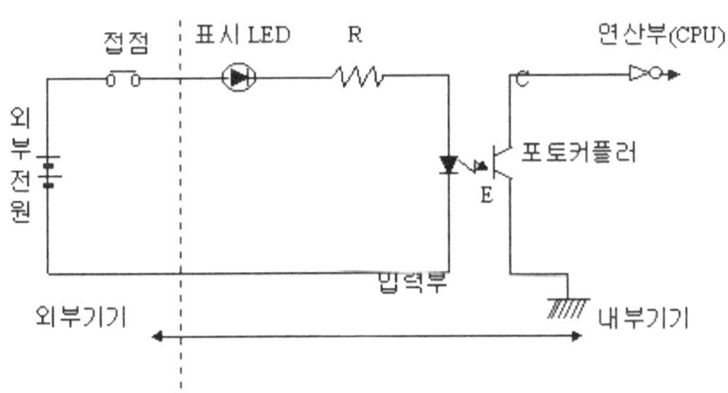

[그림 3-2] PLC의 입력부 회로 예

나. 출력부

내부 연산의 결과를 외부에 접속된 전자 접촉기나 솔레노이드에 전달하여 구동시키는 부분이다. 출력의 종류에는 릴레이 출력, 트랜지스터 출력, SSR(Solid State Relay) 출력 등이 있고 그 밖의 출력 모듈로는 아날로그 출력(D/A) 모듈, 위치 결정 모듈 등이 있다.

트랜지스터 출력부 회로의 예는 [그림 3-3]과 같다.

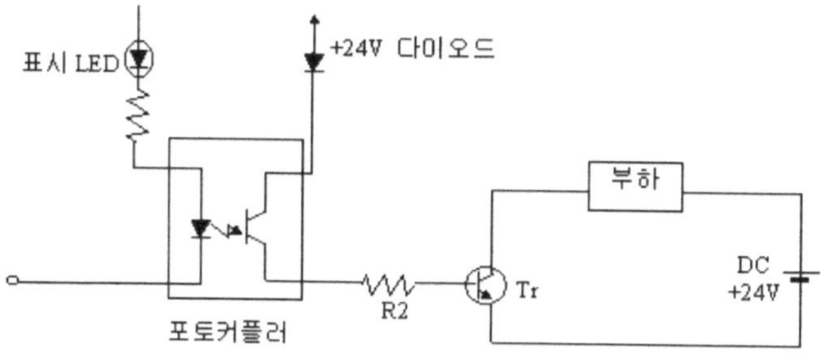

[그림 3-3] PLC 트랜지스터의 출력부 회로 예

출력 모듈을 출력 신호와 개폐 소자에 따라 분류하면 [표 3-3]과 같다.

[표 3-3] PLC 출력 모듈의 종류

출력 신호 종류	개폐 소자	
	유접점	무접점(반도체)
직류(DC)	릴레이 출력	트랜지스터 출력
교류(AC)	릴레이 출력	SSR 출력

릴레이 출력은 직류나 교류를 모두 사용할 수 있으나 기계적 수명의 한계 때문에 접점의 개폐가 빈번할 경우는 교류 전원 전용인 무접점 SSR 출력이나 직류 전원 전용인 트랜지스터 출력을 사용하여야 한다.

5) PLC의 동작

[그림 3-4]에 PLC 동작 개념도를 나타내었다.

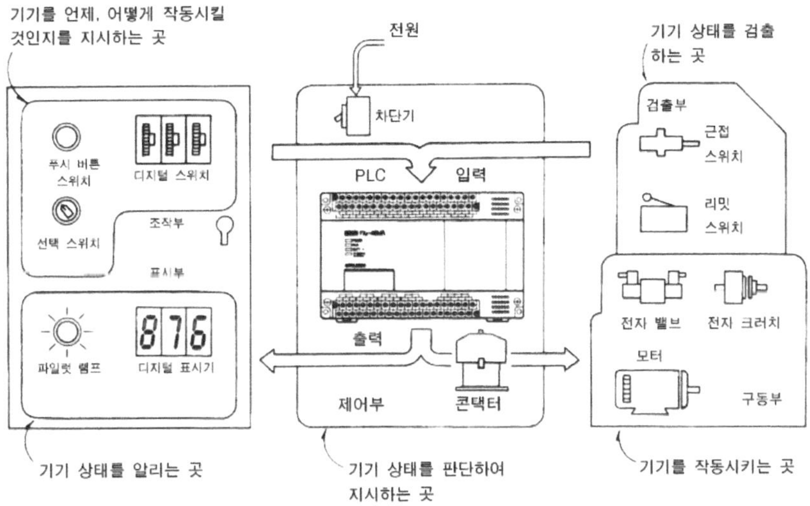

[그림 3-4] PLC 동작 개념도

① PLC는 조작반에 설치된 푸시버튼 스위치나 선택 스위치, 디지털 스위치 등의 지령 입력 또는 기기의 동작 상태를 검출하는 리미트 스위치나 근접 스위치, 광전 스위치 등의 센서 입력에 의해 동작한다. 그리고 전자 밸브나 모터, 전자 크러치 등의 구동용 부하나 파일럿 램프, 디지털 표시기 등의 표시 부하를 제어한다.

② 이러한 입력 신호에 대한 출력 신호는 PLC의 프로그램 내용에 의해 결정됩니다.

③ 그리고 소형 전자 밸브나 파일럿 램프와 같은 가벼운 부하는 PLC에서 직접 구동할 수 있지만, 3상 모터나 대형 전자 밸브 등의 부하는 콘택터나 중간 릴레이를 매개로 하여 구동하여야 한다.

④ 이러한 콘택터나 중간 릴레이, 전원용 차단기 등은 PLC와 함께 제어반에 설치한다.

2. 소프트웨어 구조

1) 하드 와이어드와 소프트 와이어드

종래의 릴레이 제어 방식은 일의 순서를 회로도에 전개하여 그곳에 필요한 제어기기를 결합하고 리드선으로 배선 작업을 해서 요구하는 동작을 실현한다. 이 같은 방식을 하드와이어드 로직(Hardwired Logic)이라고 한다.

하드와이어드 로직 방식에서는 하드(기기)와 소프트가 한 쌍이 되어 있어 사양이 변경되면 하드와 소프트를 모두 변경해야 하므로, 이것이 여러 가지 문제를 발생시키는 원인이 된다. 따라서 하드와 소프트를 분리하는 연구 끝에 컴퓨터 방식이 개발되었다.

컴퓨터는 하드웨어(Hardware)만으로는 동작할 수 없다. 하드웨어 속에 있는 기억장치에 일의 순서를 넣어야만 비로소 기대되는 일을 할 수 있다. 이 일의 순서를 프로그램이라 하며 기억 장치인 이 메모리에 일의 순서를 넣는 작업을 프로그래밍이라 한다. 이는 마치 배선 작업과 같다고 생각하면 된다. 이 방식을 소프트와이어드 로직(softwired logic)이라 하며 PLC는 이 방식을 취하고 있다.

2) 릴레이 시퀀스와 PLC 프로그램 차이점

PLC는 LSI 등의 전자 부품의 집합으로 릴레이 시퀀스와 같은 접점이나 코일은 존재하지 않으며 접점이나 코일을 연결하는 동작은 소프트웨어로 처리되므로 실제로 눈에 보이는 것이 아니다.

또, 동작도 코일이 여자되면 접점이 닫혀 회로가 활성화되는 릴레이 시퀀스와는 달리 메모리에 프로그램을 기억시켜 놓고 순차적으로 내용을 읽어서 그 내용에 따라 동작하는 방식이다.

PLC 제어는 프로그램의 내용에 의하여 좌우된다. 따라서 사용자는 자유자재로 원하는 제어를 할 수 있도록 프로그램의 작성 능력이 요구된다.

가. 직렬 처리와 병렬 처리

PLC 시퀀스와 릴레이 시퀀스의 가장 근본적인 차이점은 직렬 처리와 병렬 처리라는 동작상의 차이에 있다.

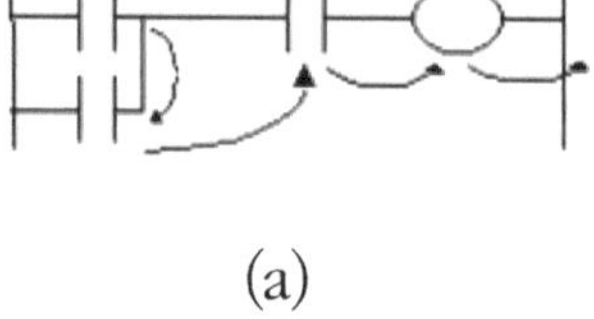

(a)

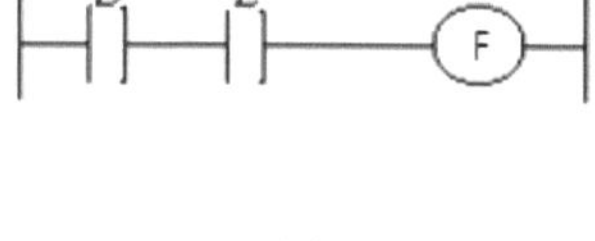

(a)

직렬 처리 방식

(b)

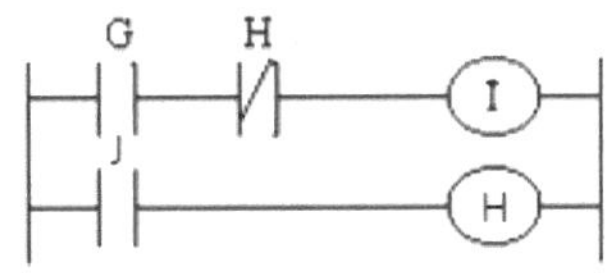

(b)

병렬 처리 방식

[그림 3-5] 릴레이 시퀀스와 PLC 동작의 차이

먼저 [그림 3-5]의 직렬 처리 방식 시퀀스도로 PLC와 릴레이의 동작상의 차이점을 설명한다.

릴레이 시퀀스에서는 전원이 투입되어 접점 A와 B, 그리고 접점 D와 E 가 동시에 닫히면, 출력 C와 F는 동작하고 어느 한쪽이 빠를수록 먼저 동작한다. 이에 비하면 PLC는 연산 순서에 따라 C가 먼저 출력하고 다음에 F가 출력된다.

PLC와 릴레이의 동작상의 차이점을 [그림 3-5]의 병렬 처리 방식의 경우에서 살펴보면 먼저 릴레이 시퀀스에서는 전원이 투입되면 접점 J가 닫힘과 동시에 H가 동작되어 출력 I는 동작될 수 없다.

PLC는 직렬 연산 처리되므로 최초의 연산 때 G가 닫히면 I가 출력되고 J가 닫히면 H가 출력된다.

두 번째 연산 때 비로소 최초의 연산 때 출력된 H에 의해서 I의 출력이 해제된다.

나. 사용 접점 수의 제한

릴레이는 일반적으로 개당 가질 수 있는 접점 수에 한계가 있다. 따라서 릴레이 시퀀스를 작성할 때에는 가능한 한 접점 수를 절약해야 한다. 하지만 PLC 는 동일 접점에 대하여 사용 횟수에 제한을 받지 않는다.

이는 동일 접점에 대한 정보(ON/OFF)를 정해진 메모리에 저장해 놓고 연산할 때 메모리에 있는 정보를 읽어서 처리하기 때문이다.

다. 접점이나 코일 위치의 제한

PLC 시퀀스에는 릴레이 시퀀스에는 없는 약속 사항이 있다. 그 하나는 코일 이후 접점을 금지하는 사항이다. PLC 시퀀스에서는 코일을 반드시 오른쪽 모선에 붙여서 작성해야 한다.

그 밖에 PLC 시퀀스에서는 항상 신호가 왼쪽에서 오른쪽으로 전달되도록 구성되어 있다. 따라서 PLC 시퀀스는 릴레이 시퀀스와는 다르게 오른쪽에서 왼쪽으로 흐르는 회로나, 상하로 흐르는 회로 구성을 금지하고 있다.

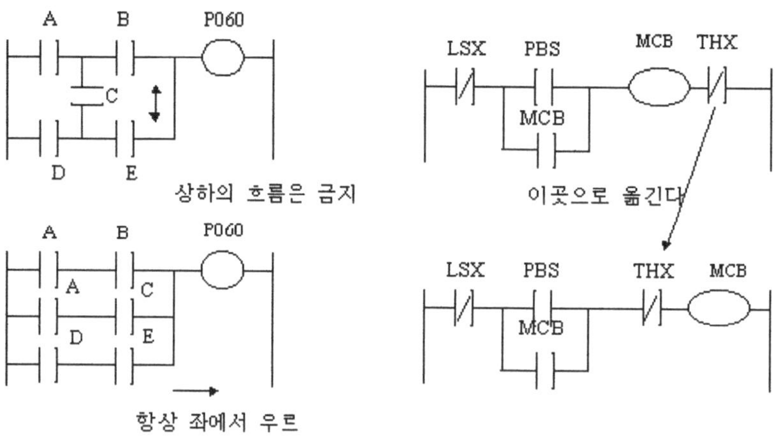

[그림 3-6] PLC 시퀀스의 약속 사항

PART Ⅳ 프로그래밍 툴 GX Works3

단원 소개

미쯔비시 멜섹 PLC의 프로그램 작성 툴인 GX Works3 사용법에 대하여 학습한다.

CHAPTER 01

4차 산업혁명 시대,
스마트공장 구축을 위한 스마트 제조 & 시퀀스 및 PLC 기초 실습

GX Works3를 이용한 프로그램 작성

학습 목표

1. GX-Works3를 이용하여 프로그래밍을 할 수 있다.
2. GX Works3와 FX5U CPU 사이의 네트워크 연결을 할 수 있다.
3. GX-Works3를 이용하여 PLC 모니터링, 진단, 디버그 등을 할 수 있다.

FX5U PLC의 프로그램 작성 또는 편집은 GX Works3를 사용하면 쉽게 작업을 할 수 있다.

1. GX-Works3 화면 구성

GX Works3의 화면은 그림과 같이 타이틀 바, 메뉴 바, 툴 바, 상태 바, 내비게이션 창, 편집화면 등으로 구성되어 있다.

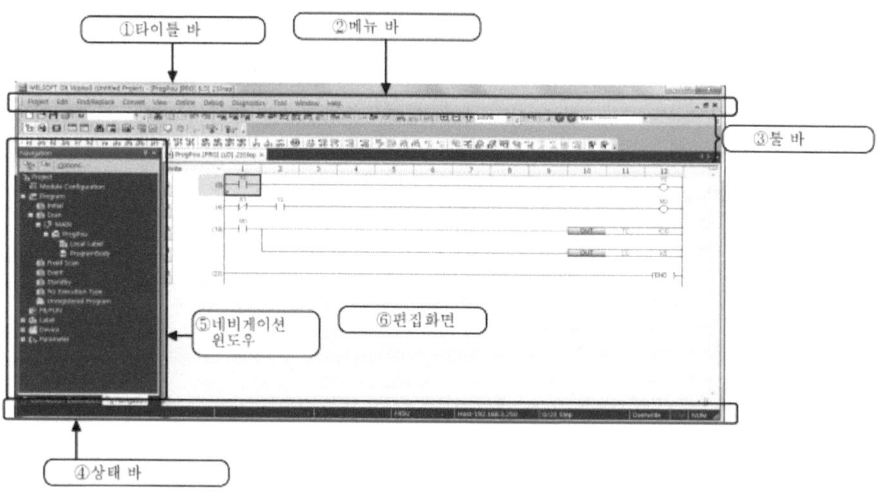

① 타이틀 바: 열려 있는 프로젝트명의 표시와 윈도우의 조작 아이콘이 표시된다.

② 메뉴 바: 메뉴를 선택하면 드롭 다운 메뉴가 표시된다.

③ 툴 바: 사용 빈도가 높은 기능이 아이콘 버튼으로 배치되어 있으며, 메뉴 바를 선택하는 것과 동일하게 목적하는 기능을 직접 실행할 수 있다.

④ 상태 바: 상태 바는 조작이나 설정 상태가 표시된다.

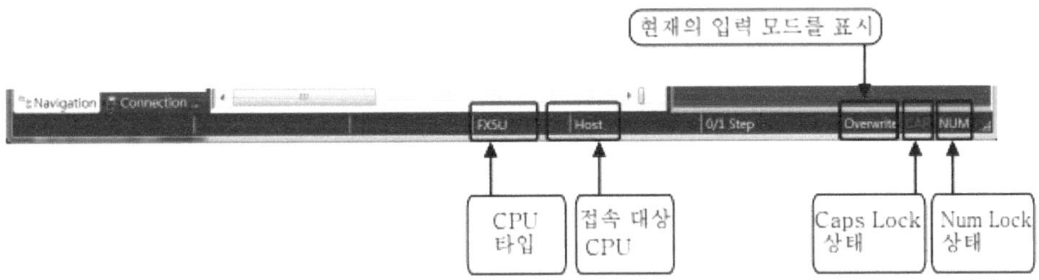

⑤ 내비게이션 창: 프로그램의 추가, 라벨의 작성, 파라미터 설정 등을 실행할 수 있는 창이다.

⑥ 편집화면: 래더도를 작성하거나 라벨을 등록하는 등의 작업을 할 수 있는 영역이다.

2. 새 프로젝트 작성

1) GX-Works3 실행

바탕화면에 있는 GX-Works3 아이콘을 더블클릭하여 프로그램을 실행한다. (또는 시작 단추 → MELSOFT → GX-Works3 더블클릭)

GX-Works3가 실행하면 다음과 같은 초기 화면이 나타난다.

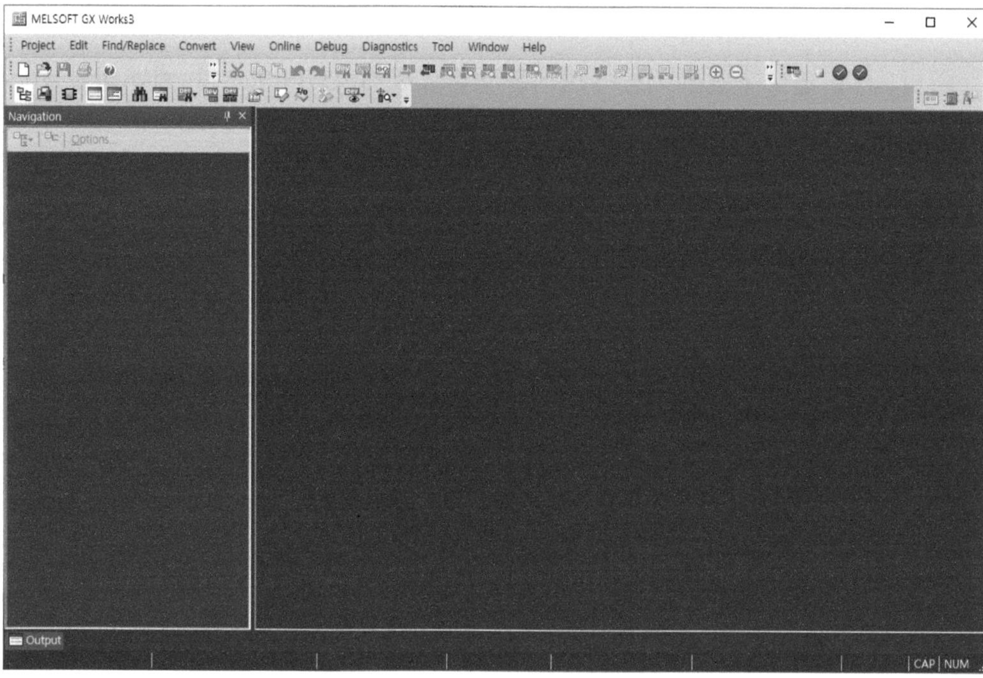

2) 새 프로젝트 생성

상단의 메뉴 바에서 Project를 선택 후 New를 선택한다. [또는 뉴 아이콘  을 클릭하거나 단축키(Ctrl+N)를 사용한다.]

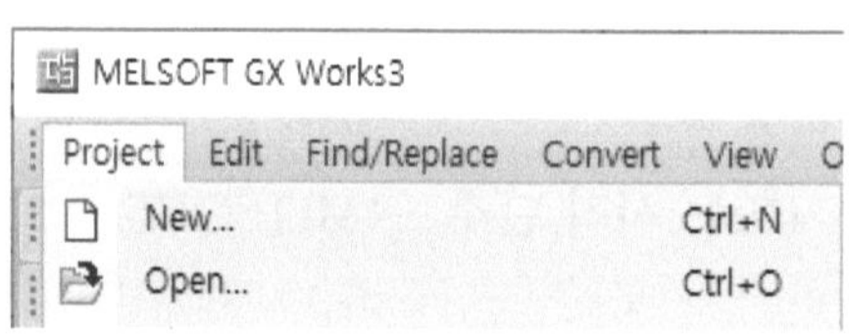

시리즈(FX5CPU)와 유형(FX5U) 선택 후 OK 버튼을 누른다.

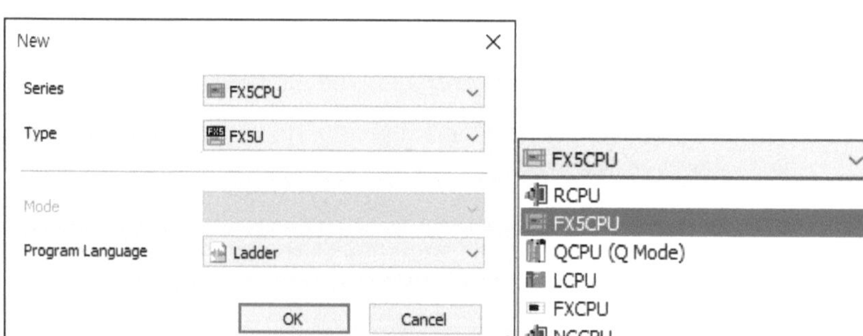

모듈 라벨 사용하지 않음을 확인하고 OK 버튼을 클릭한다.

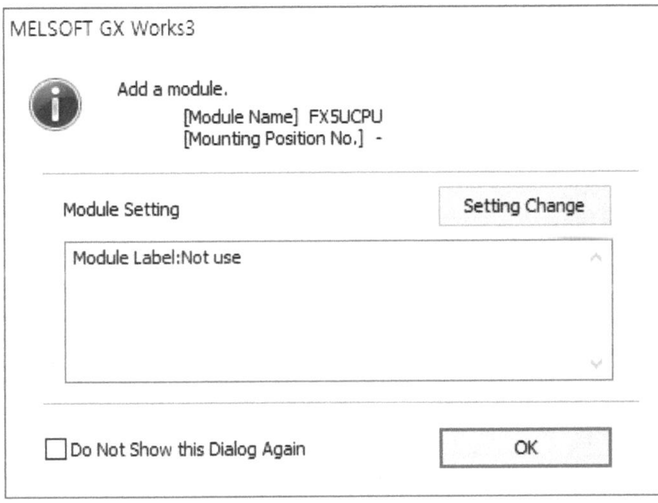

옵션 기능 설명 창이 표시되면 OK 버튼을 클릭한다.

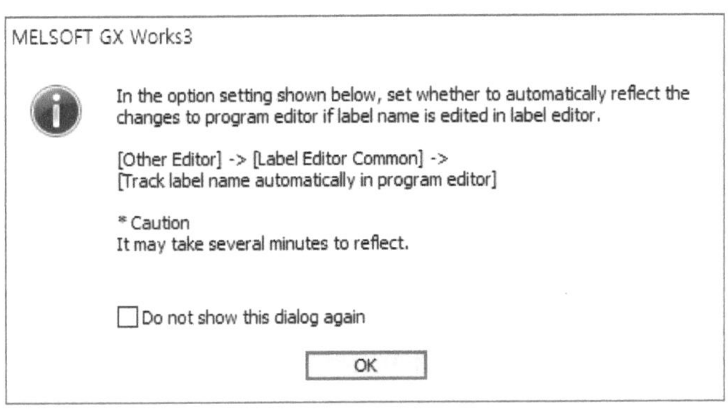

새 프로젝트 화면이 나타난다.

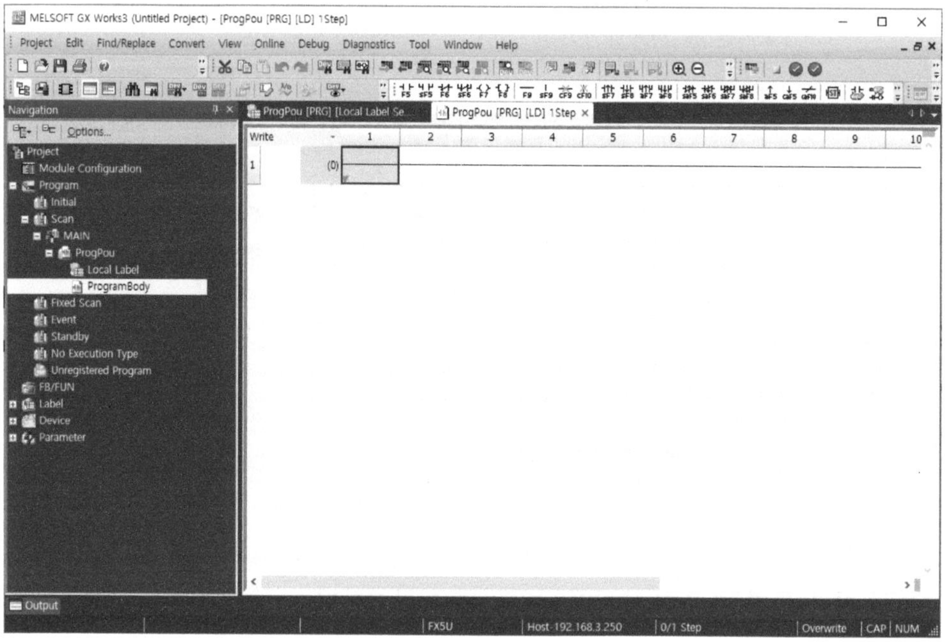

3) GX Works3와 FX5U CPU 사이의 네트워크 연결

GX Works3을 인스톨한 PC와 FX5 CPU의 네트워크부가 같아지도록 네트워크를 설정한다.

제품을 구매하여 처음 사용하는 경우라면 FX5U CPU의 IP 주소는 "192.168. 3. 250"으로 설정되어 있다. 따라서 내 PC의 IP 주소의 네트워크부를 "192.168.3"으로 설정하여야 하며, 호스트부는 주소가 중복되지 않도록 설정하여야 한다. 본 교재에서는 "10"을 설정하도록 하였다.

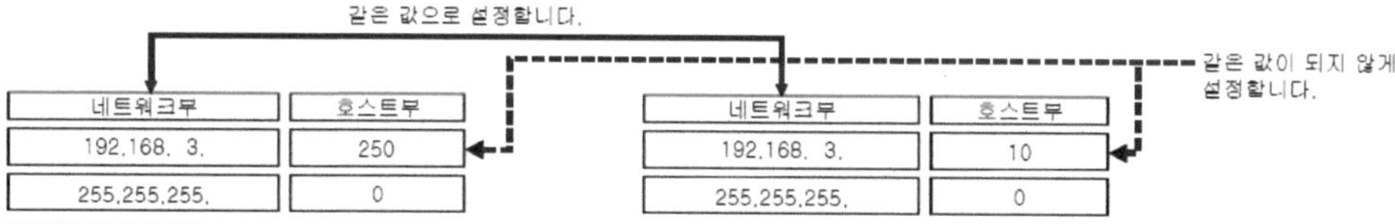

GX Works3가 설치된 PC의 IP 주소를 설정하기 위해 네트워크 연결에서 이더넷 접속된 랜카드를 선택하고 우측 마우스를 클릭하여 "속성"을 선택한다.

이더넷 속성에서 인터넷 프로토콜 버전 4(TCP/IPv4)를 더블클릭한다.

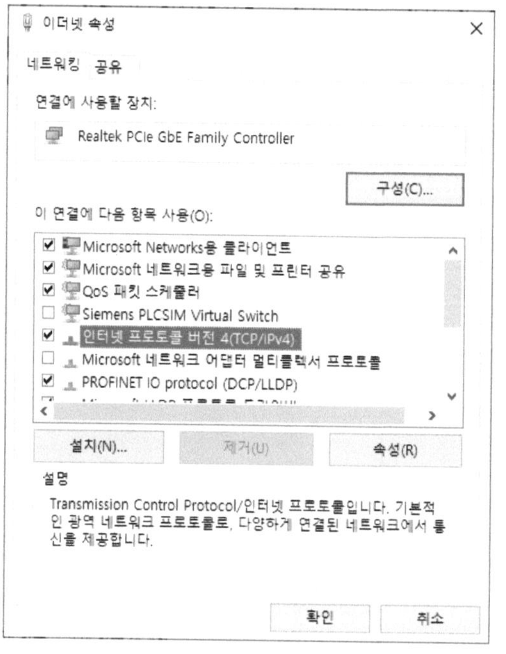

"다음 IP 주소 사용"을 선택하고, IP 주소와 서브넷 마스크를 설정한 후 확인 버튼을 누른다.

IP 주소: 192.168.3.10

서브넷 마스크: 255.255.255.0

새 프로젝트의 "Online" 메뉴에서 "Current Connection Destination…"을 클릭한다.

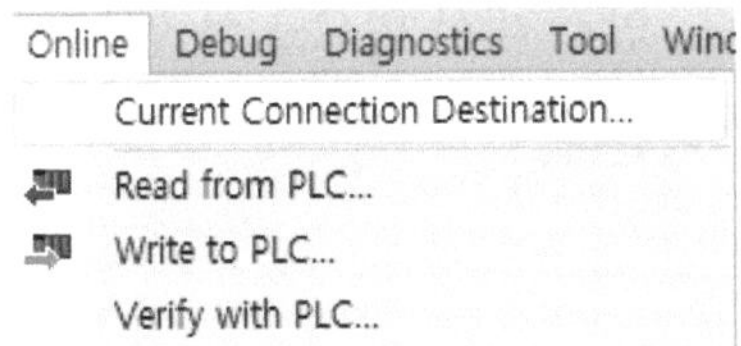

연결 방식 선택 창에서 "Other Connection Method"를 클릭한다.

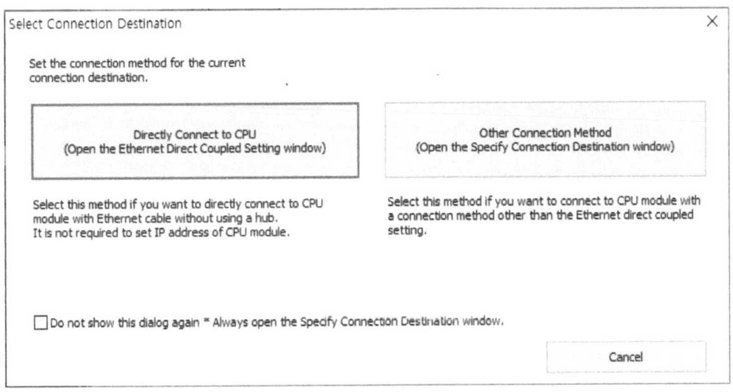

PLC side I/F의 PLC Module을 더블클릭한다.

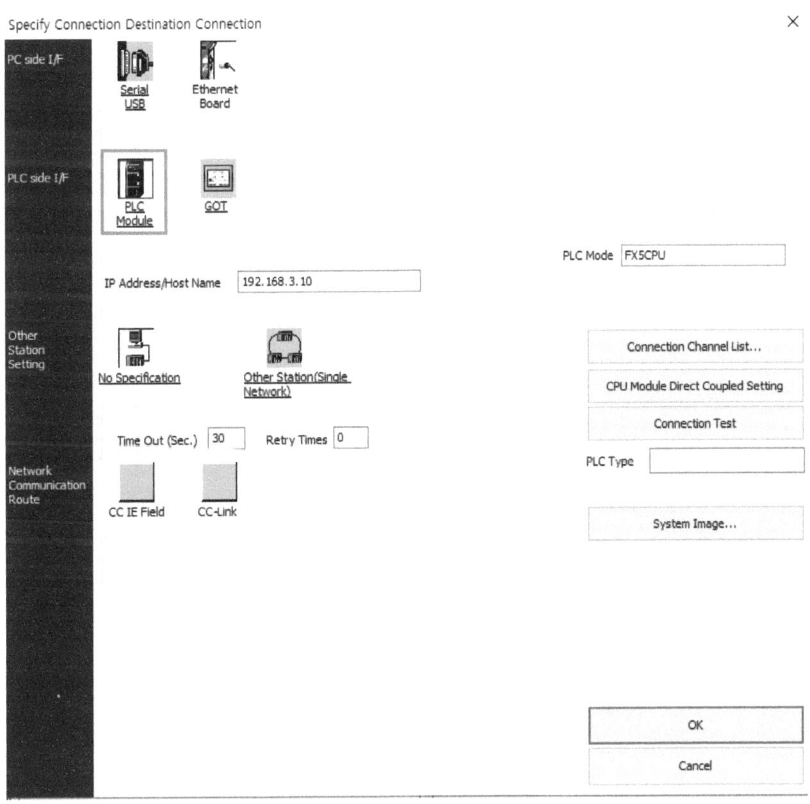

"Connection via HUB"를 선택 후 Find 버튼을 클릭하면 아래 창에 IP Address와 CPU 타입의 목록이 나온다. 연결 대상 PLC를 선택하고 "Selection IP Address Input"을 클릭하고 OK 버튼을 클릭한다.

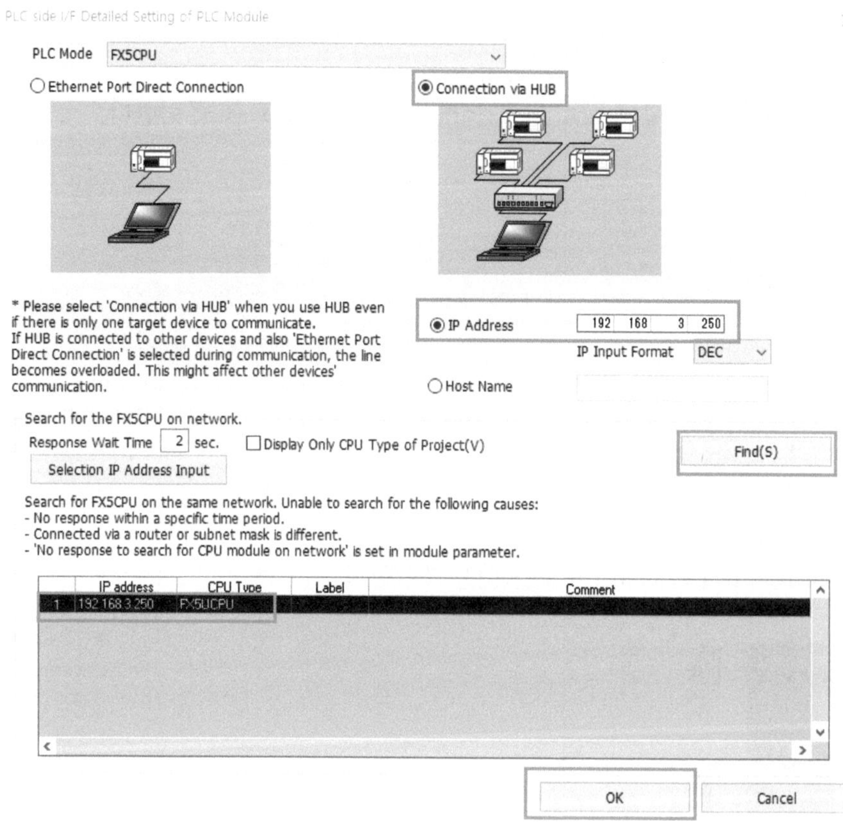

연결 테스트를 하여 통신 상태를 점검한 후 확인 버튼을 클릭한다.

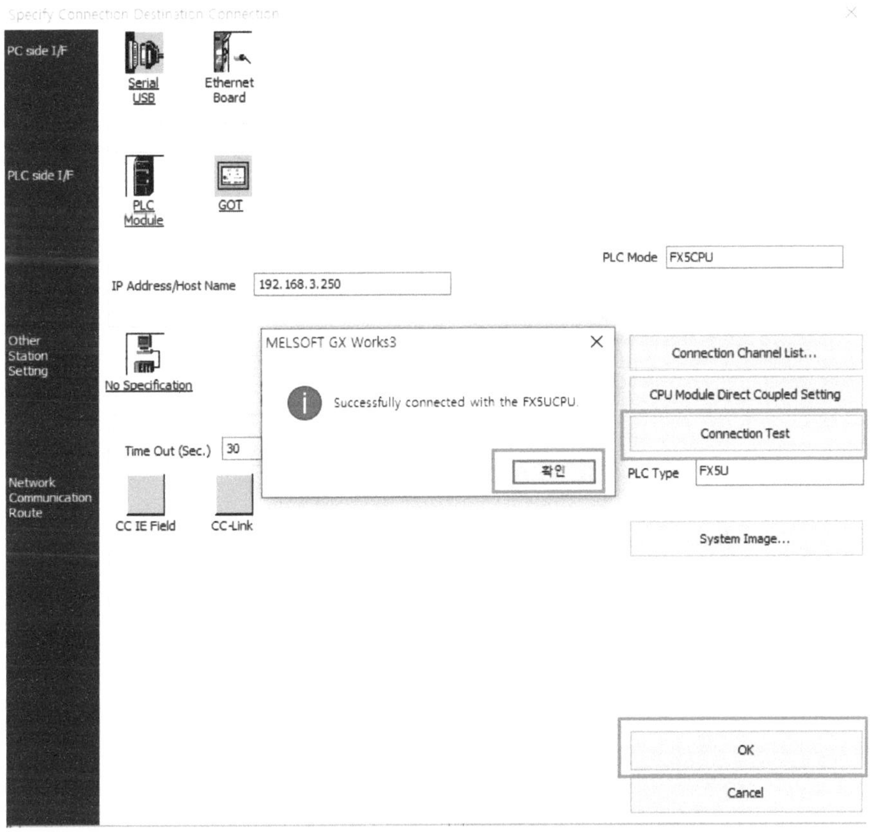

PLC의 IP 주소의 네트워크부가 다르면 “FIND”를 하여도 찾을 수 없다.

이런 경우에는 PLC와 PC를 랜케이블로 직접 연결하여 접속하면 사용할 수 있다.

통신 상태 설정 창에서 Directly Connect to CPU를 클릭한다.

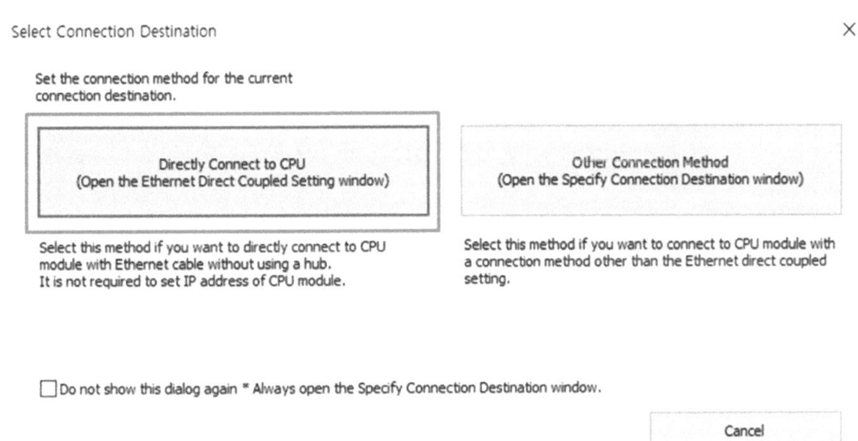

"Adapter" 에서 PC의 랜카드를 선택하고 "통신 테스트"를 클릭한다.

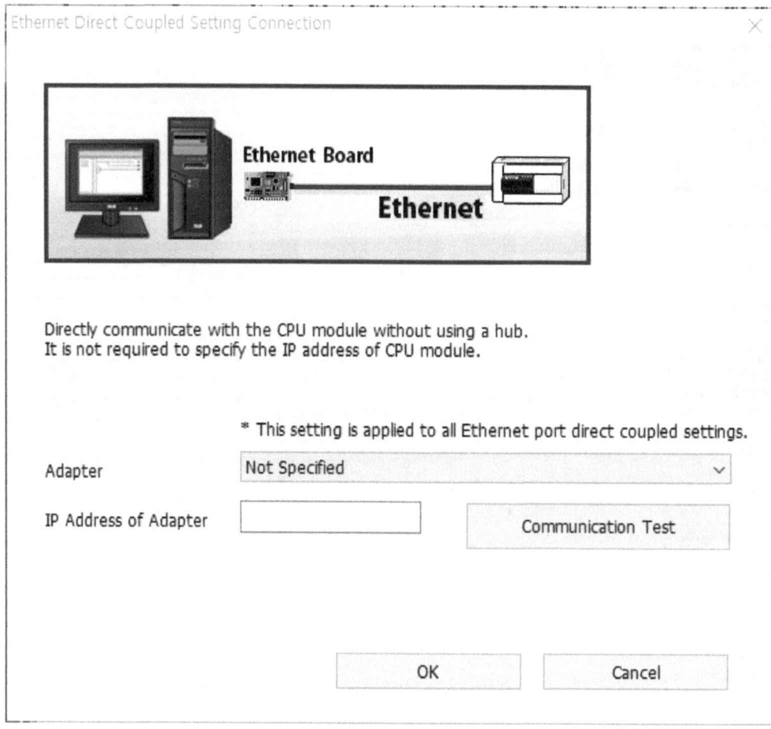

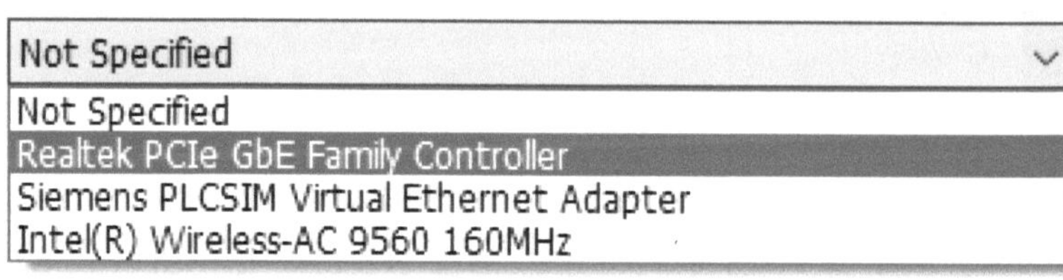

연결이 성공적으로 되면 확인 버튼을 누르고 OK 버튼을 누른다.

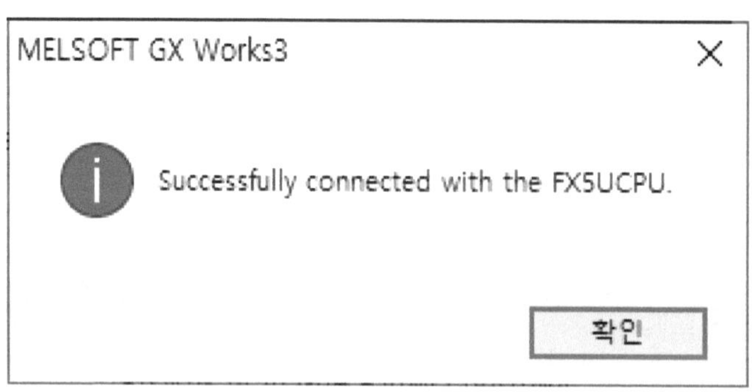

4) 통신 파라미터 설정

내비게이션 창에서 Parameter → FX5UCPU → Module Parameter → Ethernet Port를 더블클릭한다.

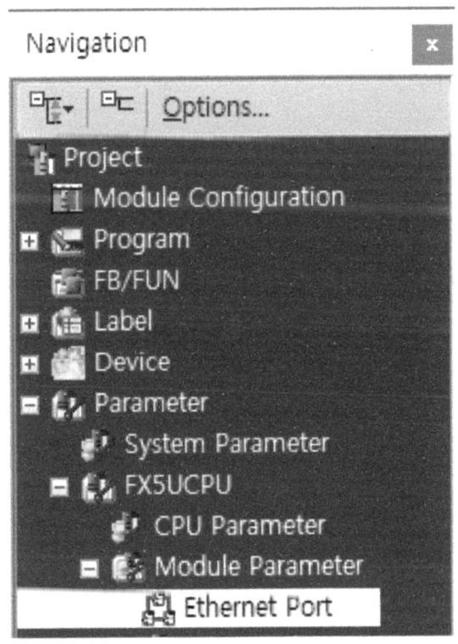

설정 목록이 나타나면 IP 주소와 서브넷 마스크를 설정한다.

"Check"를 클릭하여 에러를 확인하고 에러가 없으면 "Apply"를 클릭한다.

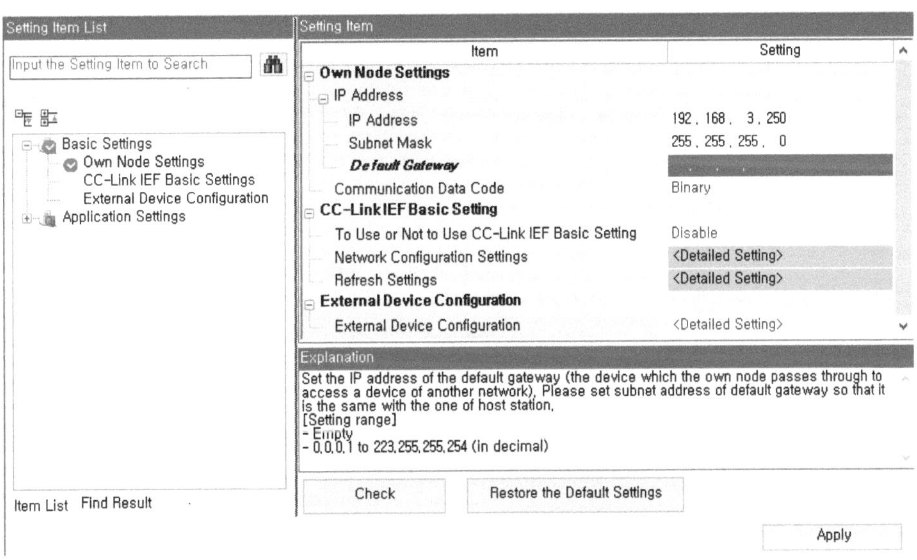

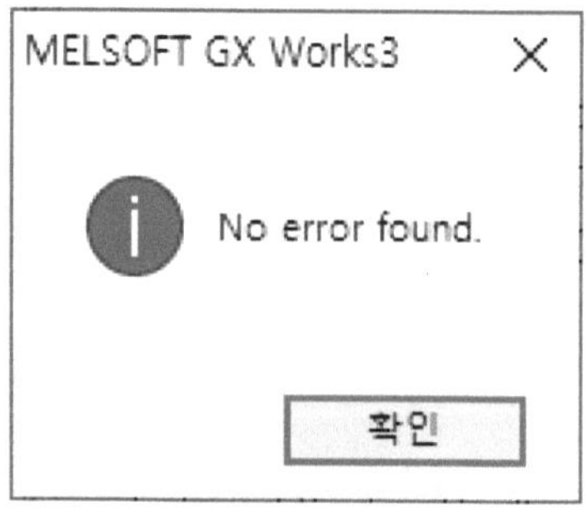

5) PLC CPU 메모리 초기화

FX5U CPU 의 메모리를 초기화하는 순서는 다음과 같다.

CPU의 "RUN/STOP/RESET" 스위치를 "STOP" 에 위치한다.

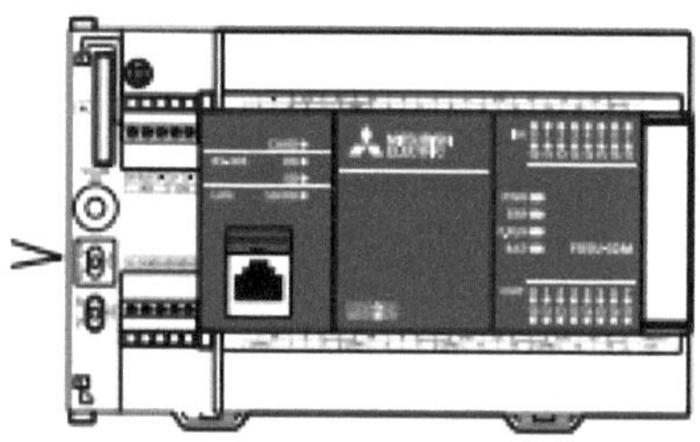

메뉴 바의 [온라인] → [CPU 메모리 조작]을 클릭한다.

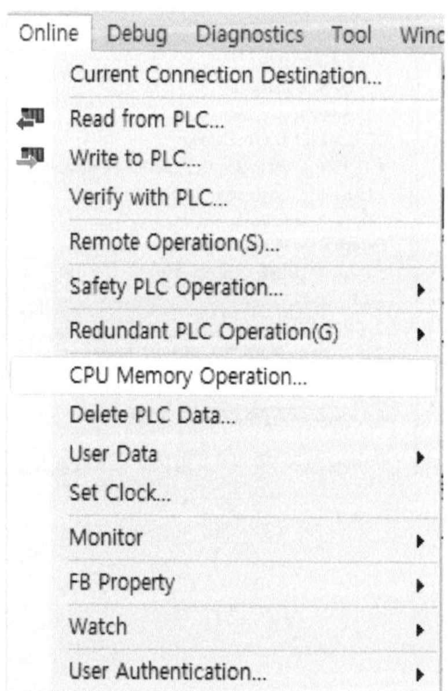

[초기화] 버튼을 클릭한다.

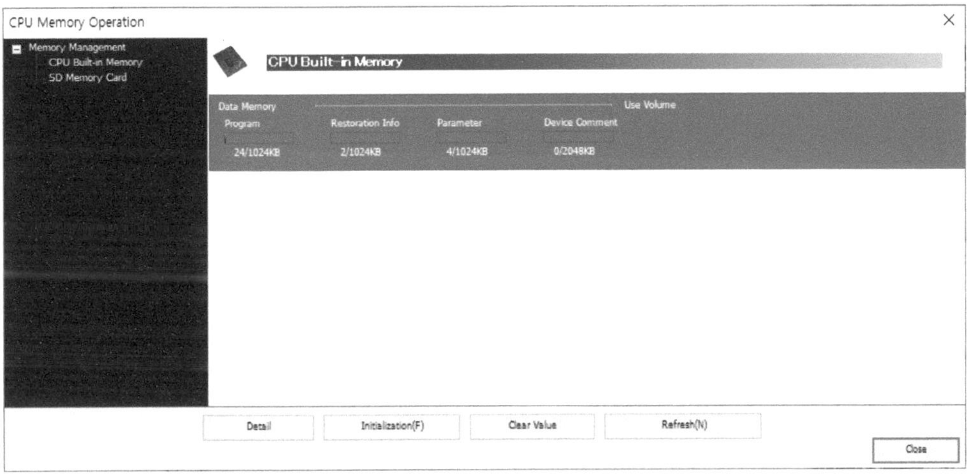

확인하는 대화창이 표시되면 [예] 버튼을 클릭한다.

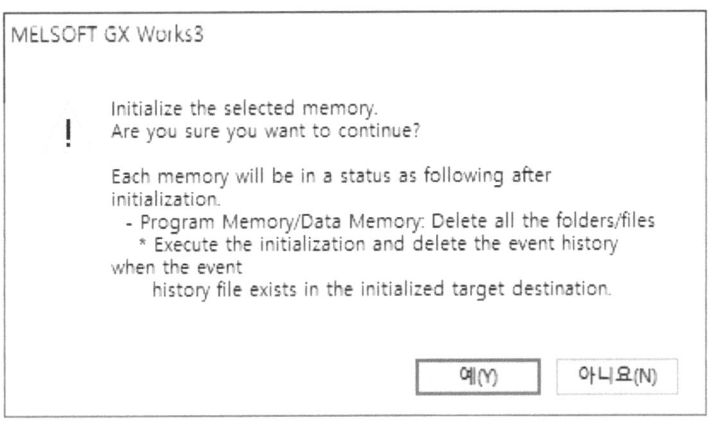

초기화가 완료되면 대화창이 표시되므로 [확인] 버튼을 클릭한다.

6) PLC에 쓰기

파라미터 설정과 프로그램 작성을 마친 후에는 PLC로 쓰기를 한다.
CPU 의 “RUN/STOP/RESET” 스위치를 “STOP” 에 위치한다.

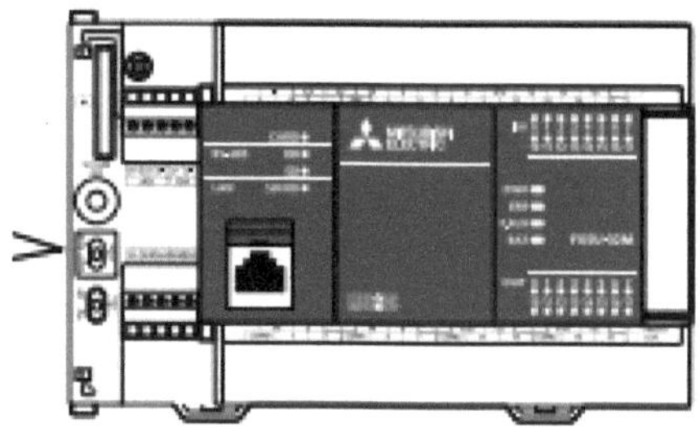

툴 바의 , 또는 메뉴바의 [온라인]→ [PLC에 쓰기]를 클릭한다.

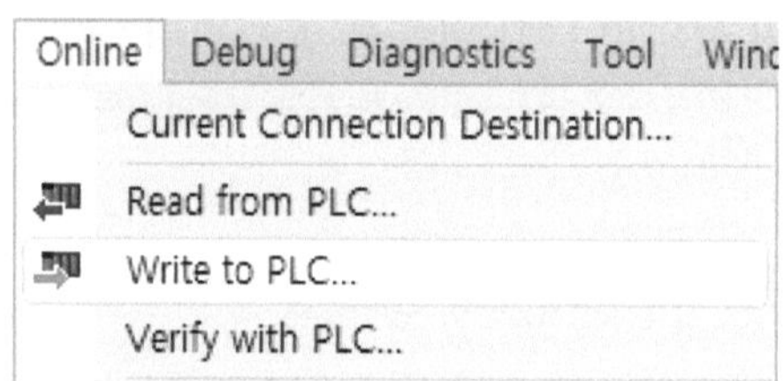

[파라미터+프로그램]을 클릭한다.

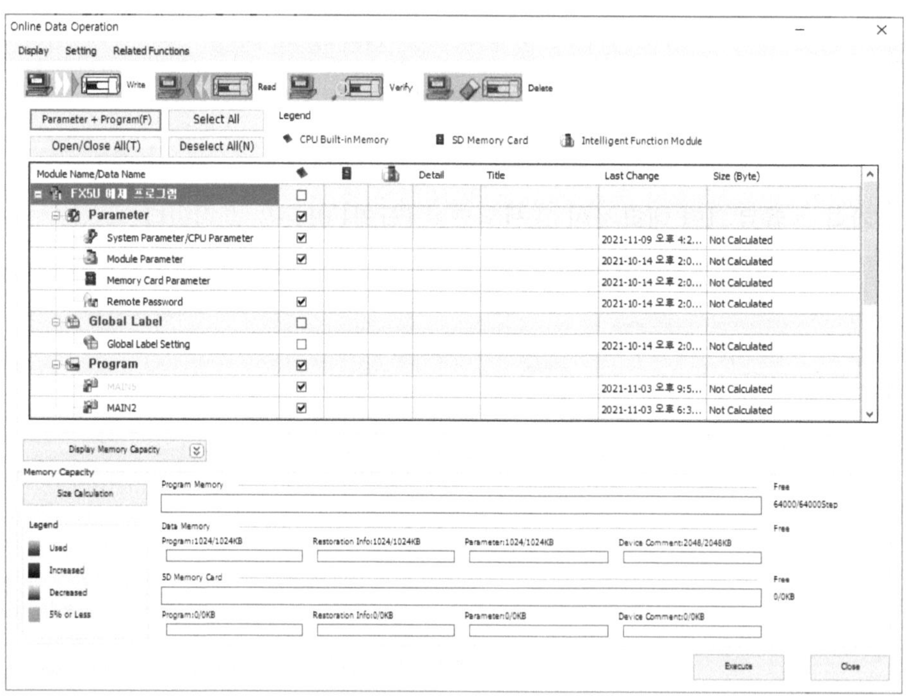

[실행]을 클릭한다.

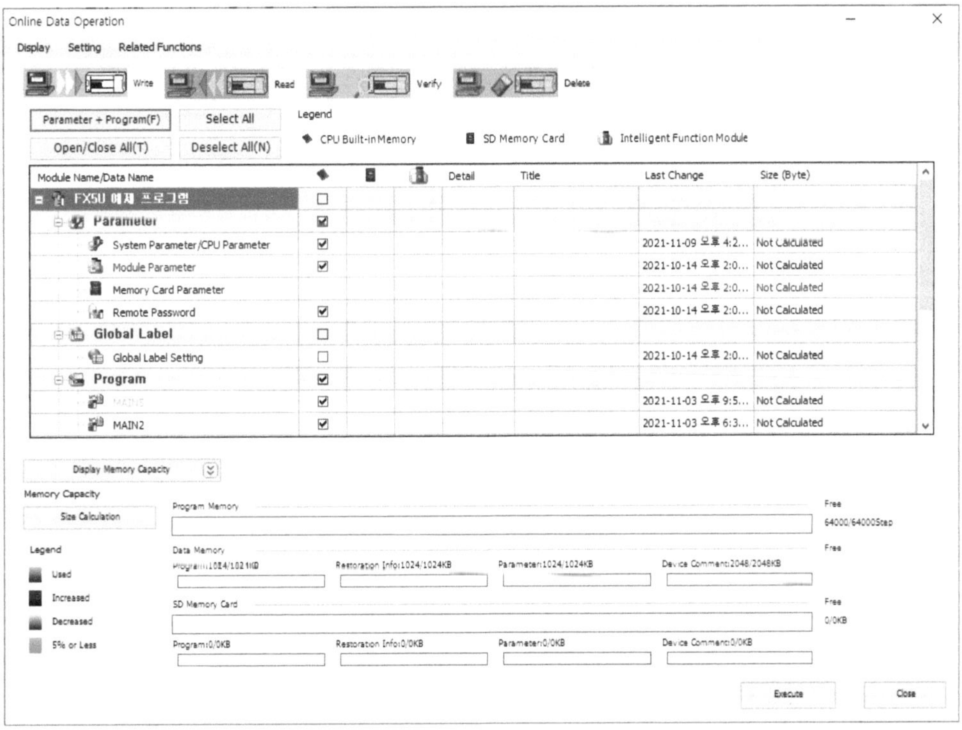

파라미터나 프로그램에 이미 기입되어 있을 경우에는 덮어쓰기 가능/불가능이 표시되므로, [전부 예]를 클릭한다.

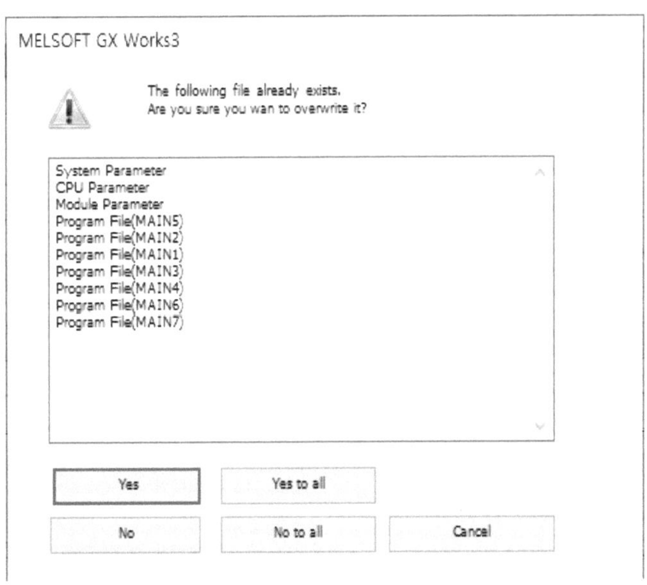

쓰기 중이라는 대화창이 표시된다.

쓰기가 완료되어 [닫기] 버튼이 표시되면 [닫기]를 클릭한다.

("처리가 끝나면 자동으로 창을 닫음"에 체크하면 이 조작은 필요 없다.)

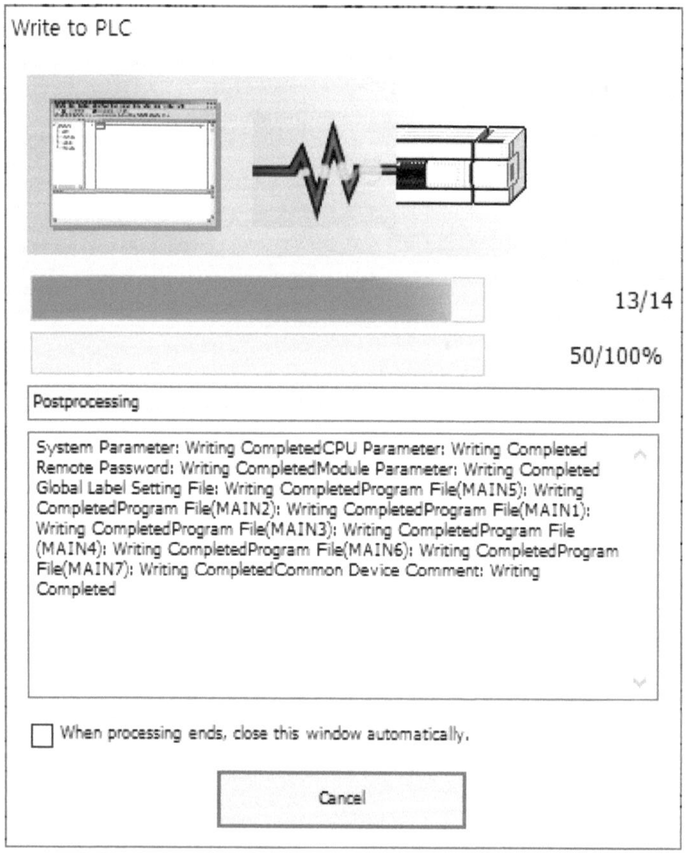

"PLC에 기입한 프로젝트로 동작시키려면, PLC를 리셋하거나 또는 전원을 재투입하여야 한다."라는 메시지가 나타나며 [확인]을 클릭한다.

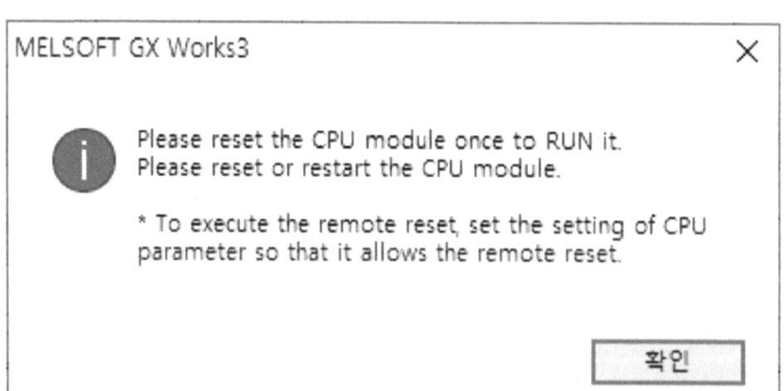

[닫기] 버튼을 클릭하여 대화창을 닫는다.

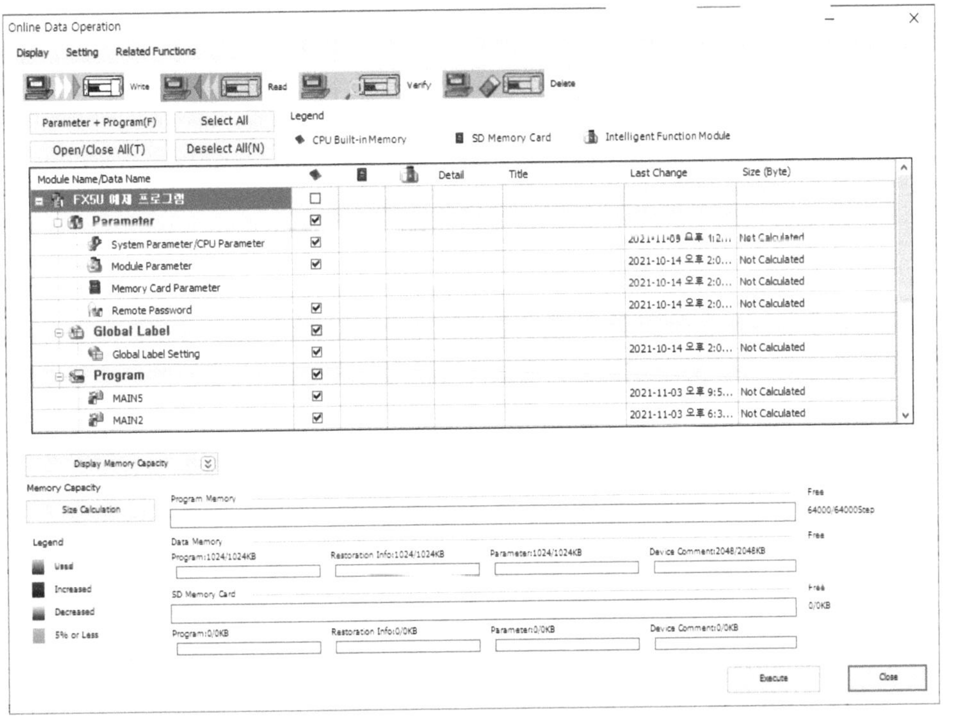

CPU를 리셋한다. (또는 전원을 재투입한다.)

① CPU의 RUN/STOP/RESET 스위치를 약 1초간 RESET 측으로 내려놓는다.

② ERR LED가 몇 번 점멸하고나서 소등됐는지 확인한다.

③ RUN/STOP/RESET 스위치를 STOP 위치에 둔다.

7) PLC의 모니터링

PLC에 쓰기를 한 후에는 프로그램의 동작을 모니터링할 수 있다.

CPU의 RUN/STOP/RESET 스위치를 "RUN"에 위치한다.

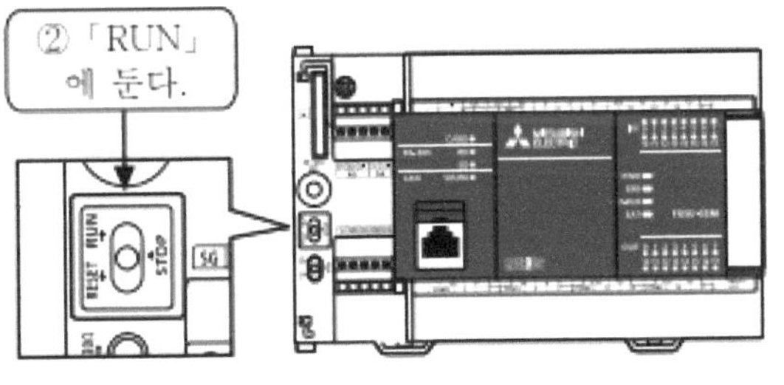

툴 바의 또는 메뉴바의 [온라인] → [모니터] → [모니터 모드]를 클릭한다.(단축키 F3)

모니터링을 통해 PLC 동작을 확인한다.

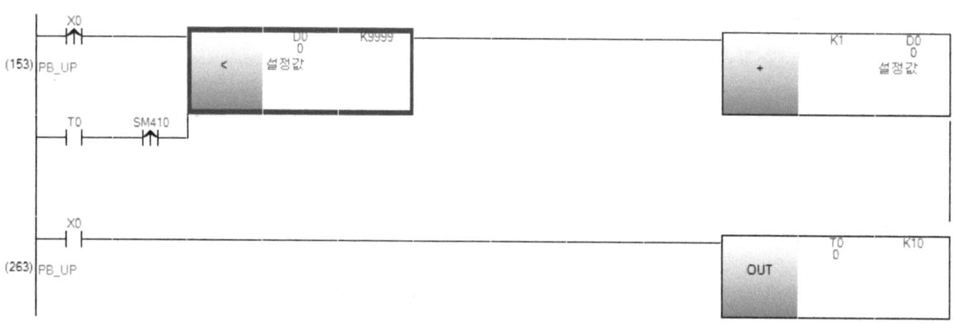

모니터링을 정지하려면 모니터 정지 아이콘 또는 [온라인]→[모니터]→[모니터 정지]를 클릭한다.

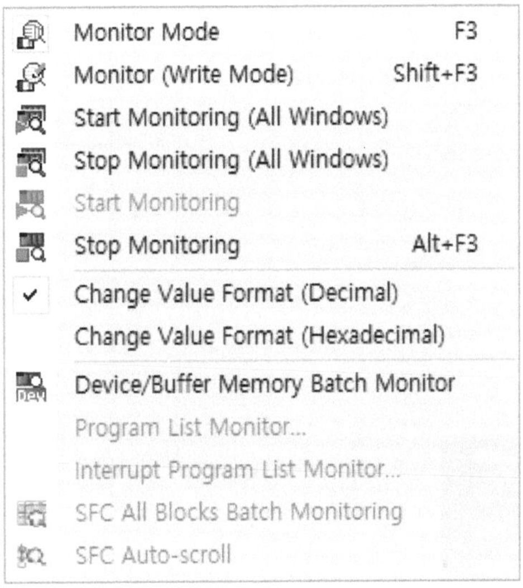

〈모니터 상태 바에서의 확인 및 리모트 조작〉

모니터 모드일 때는, 모니터 중 또는 정지 중과 관계없이 모니터 상태 바에 접속 상태, CPU 동작 상태 등이 표시된다.

① 접속 상태 : CPU 유닛과의 접속 상태가 표시된다.

② CPU 동작 상태 : RUN : ▶, STOP : ■, PAUSE : II

CPU 동작 상태를 나타내는 아이콘을 클릭하면 리모트 조작창이 활성화된다.

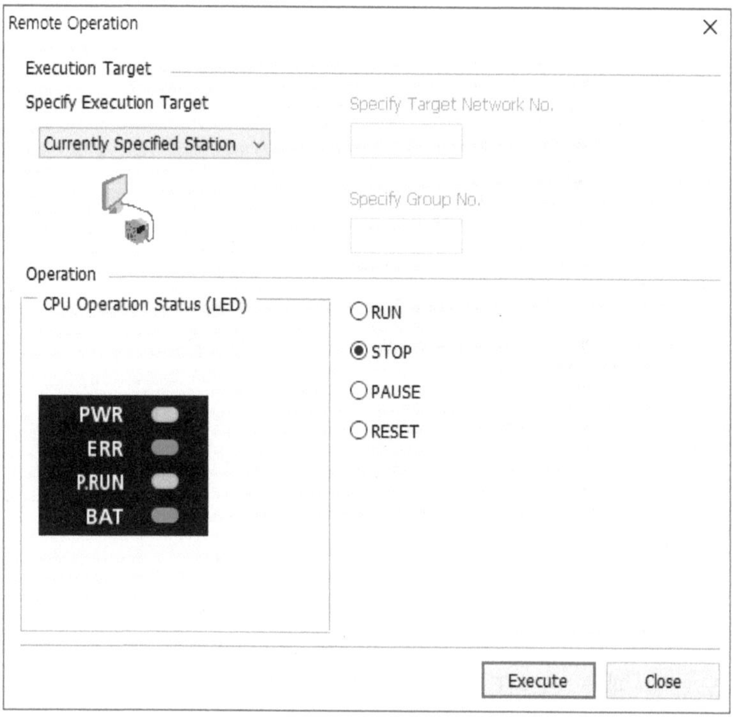

③ ERROR 상태: CPU 유닛의 ERROR LED 상태가 표시된다.

아이콘을 클릭하면 모듈 진단 화면이 표시된다.

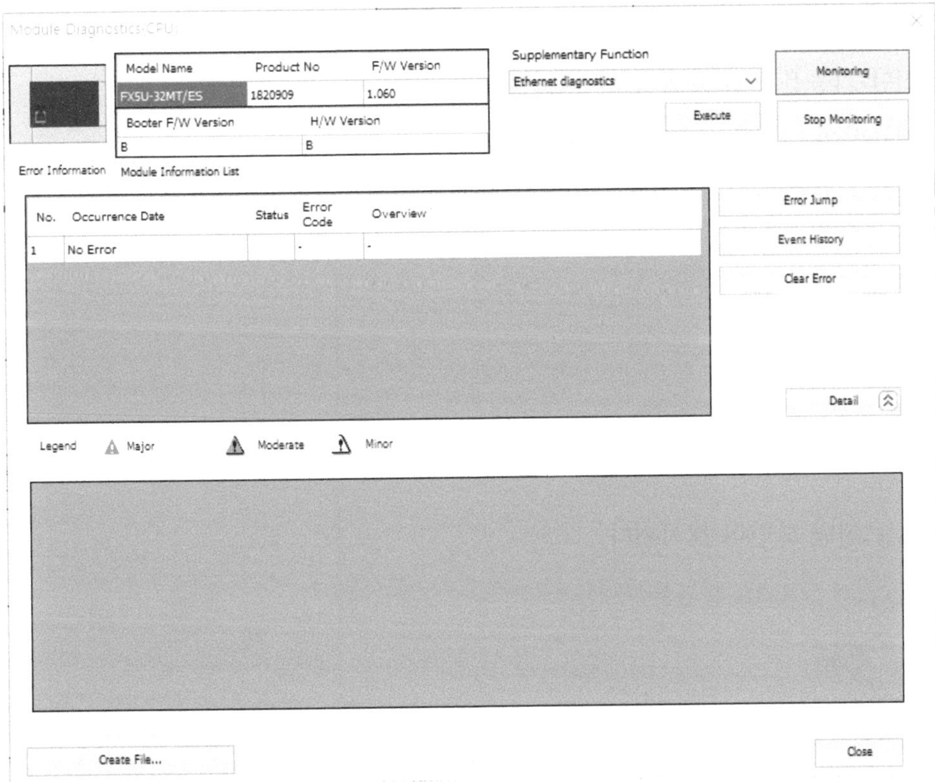

④ 스캔 타임 상태

스캔 타임의 현재값, 최댓값, 최솟값을 풀다운 리스트에서 전환하여 표시할 수 있다.

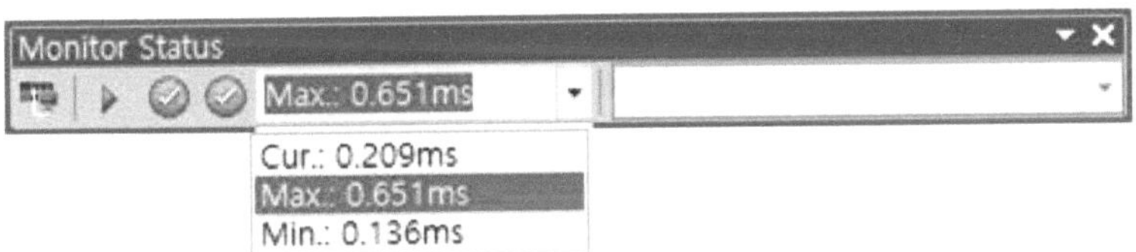

⑤ 모니터 대상 선택

FB 프로그램을 모니터하는 경우에는 모니터 대상의 FB 인스턴스를 지정한다.

8) PLC 진단

진단 기능을 통해 모듈 진단, 이더넷 진단 등을 할 수 있다.

메뉴바의 [진단] → [모듈 진단(CPU 진단)]을 클릭한다.

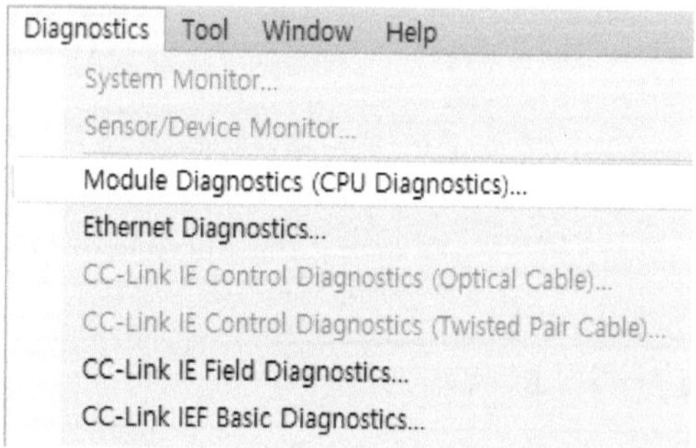

모듈 진단 화면이 표시된다.

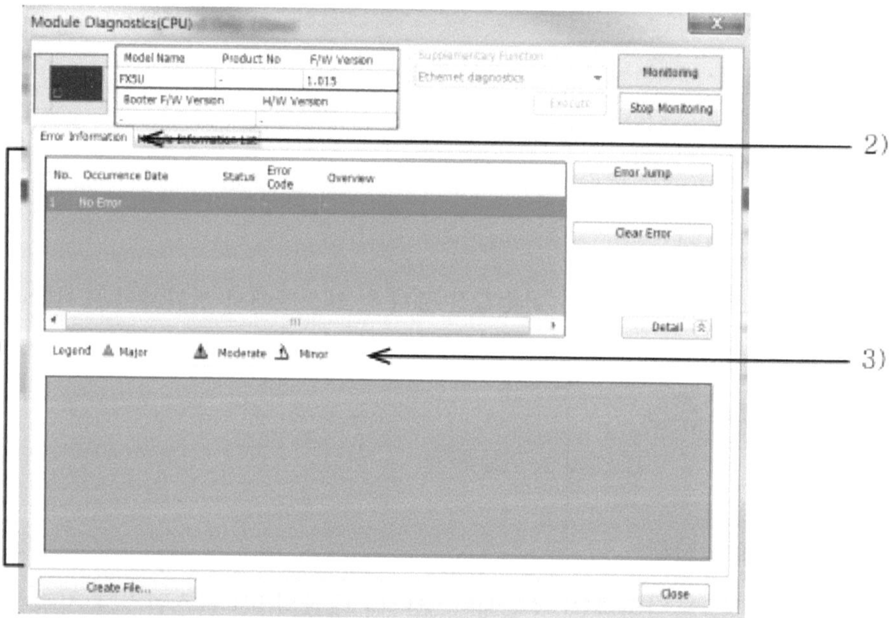

① 에러 정보를 확인한다.

② 모듈 정보 리스트를 확인한다.

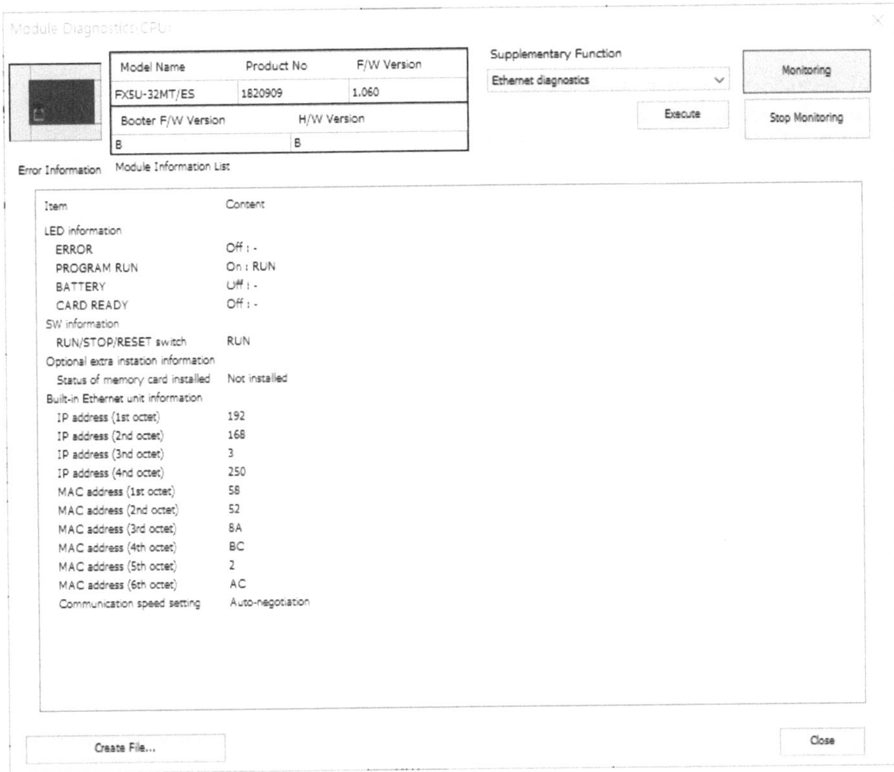

③ 에러의 정도를 나타낸다.

9) PLC 래더 편집

가. 래더의 수정

작업창의 맨 하단의 상태 바에서 삽입 모드와 덮어쓰기 모드로 전환할 수 있다. 키보드의 "Insert" 키를 누를 때마다 삽입 모드와 덮어쓰기 모드로 전환된다.

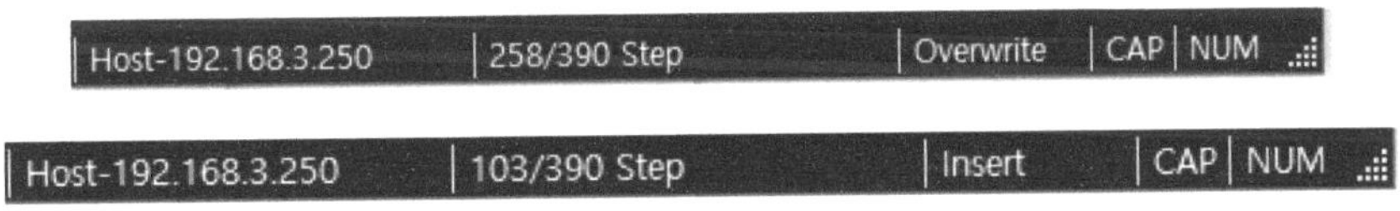

기존의 래더를 수정하는 경우에는 "덮어쓰기" 모드, 명령어를 추가하는 경우에는 "삽입" 모드로 하여야 한다.

나. 행의 삽입 및 삭제

행의 추가는 현재 커서가 놓인 행의 위쪽에 삽입된다.

① 행을 삽입하고 싶은 부분의 아래쪽에 커서를 위치한다.

② 임의의 위치에서 오른쪽 마우스를 클릭하여 [편집] → [행 삽입]을 선택한다.
(단축키 "Shift + Insert")

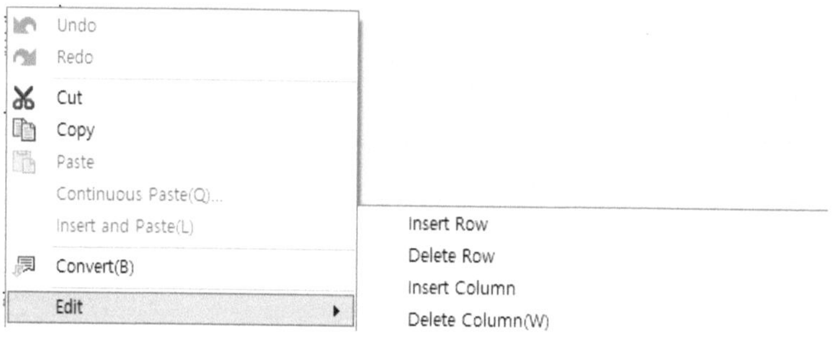

③ 행을 삭제하려면 삭제할 행에 커서를 위치하고 오른쪽 마우스를 클릭하여 [편집] → [행 삭제]를 선택한다. (단축키 "Shift + Delete")

10) 프로그램 디버그

가. 비트 디바이스의 강제 ON/OFF

모니터 모드에서는 PLC의 비트 디바이스(M, X, Y, T, C 등)를 강제로 ON/OFF 할 수 있다.

래더 모니터 상태로 전환한다.

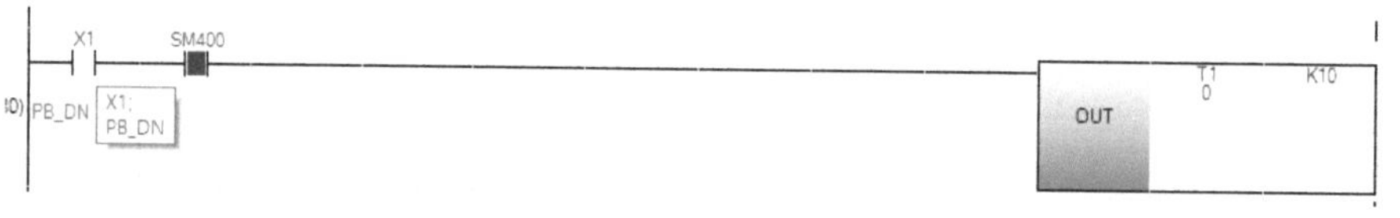

래더 모니터 화면에서, 강제 ON/OFF 하는 비트 디바이스를 클릭해서 선택한다.

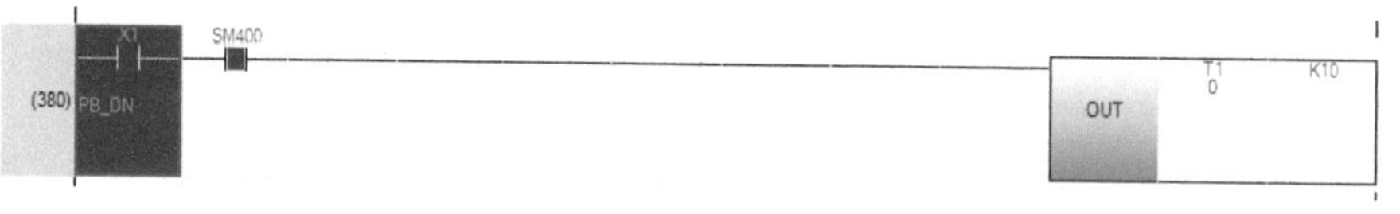

메뉴 바의 [디버그]→[Modify value…]을 선택하면 ON/OFF가 반전된다.

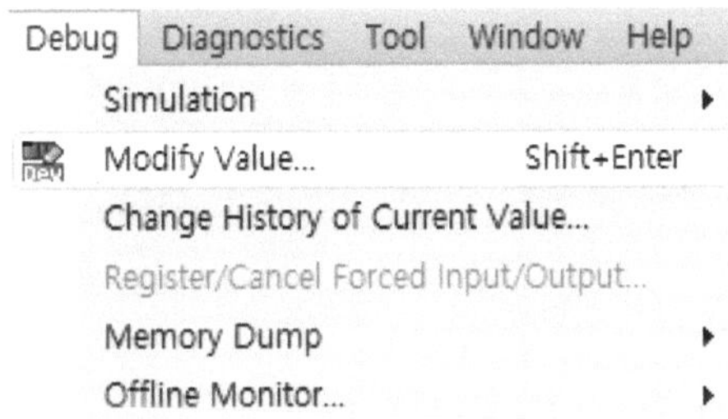

단축키 "Shift + Enter"를 통해서도 비트 디바이스를 반전할 수 있다. 또는 해당 비트 디바이스를 "Shift" 키를 누르면서 더블 클릭하면 강제로 ON/OFF 할 수도 있다.

나. 워치 윈도우를 활용한 데이터 변경

모니터 화면에서 한 개의 디바이스 또는 래더도의 범위를 지정하여 이 부분에 있는 디바이스를 워치 윈도우에 등록한다.

① 메뉴 바의 [표시] → [도킹 윈도우] → [워치1(1)~ 4(4)]를 클릭한다.

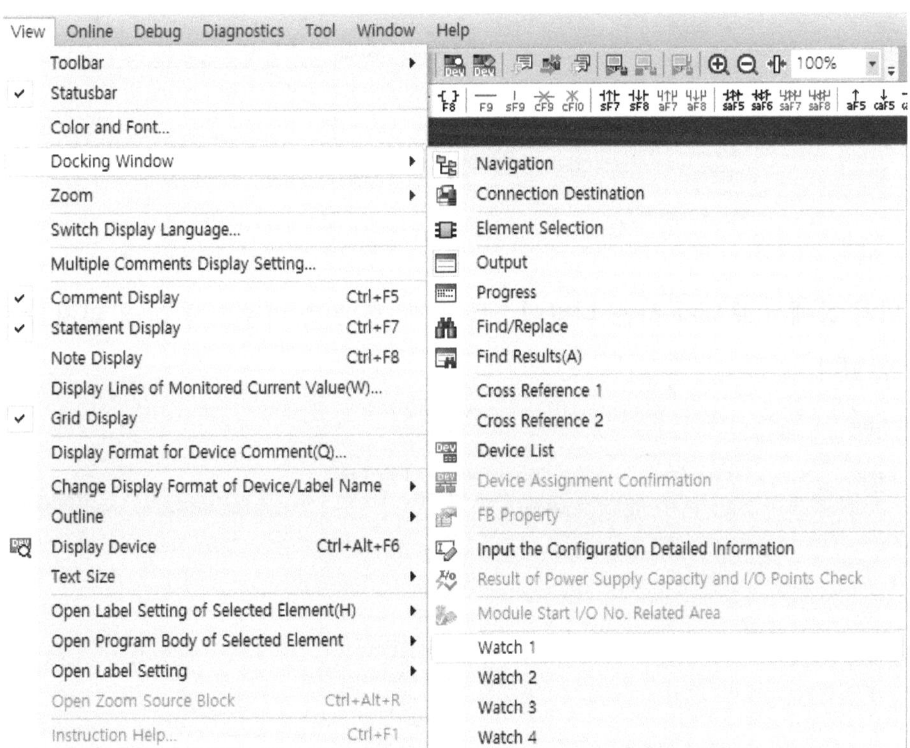

② 워치 윈도우가 표시되면 편집할 행을 선택하여 이름을 클릭한 후 디바이스를 입력한다.

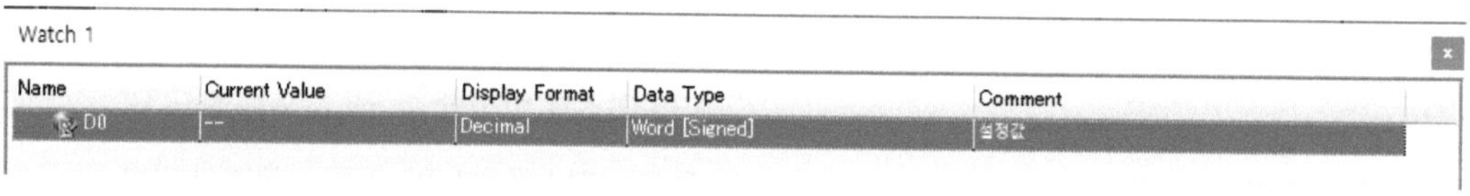

③ 입력한 디바이스가 등록된다.

④ 메뉴 바의 [온라인] → [워치] → [워치 시작]을 클릭한다.

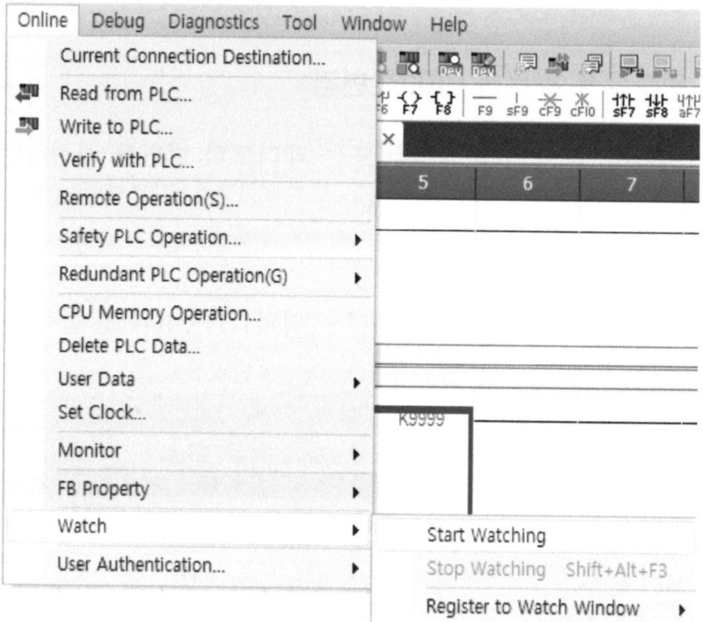

워치 창에서 보고자 하는 디바이스를 선택 후 우측 마우스를 눌러 워칭을 시작할 수도 있다.

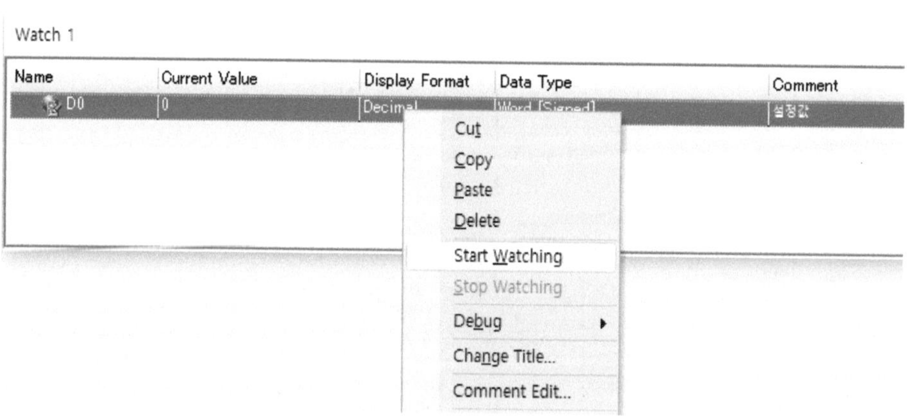

⑤ 등록된 디바이스의 현재값이 윈도우에 표시된다.

〈워치 윈도우를 이용한 강제 ON/OFF와 현재값 변경〉

워치 윈도우에서 비트 디바이스(M, Y 등)을 강제로 ON/OFF 하거나, 워드 디바이스(T, C, D 등)의 현재값을 변경할 수 있다.

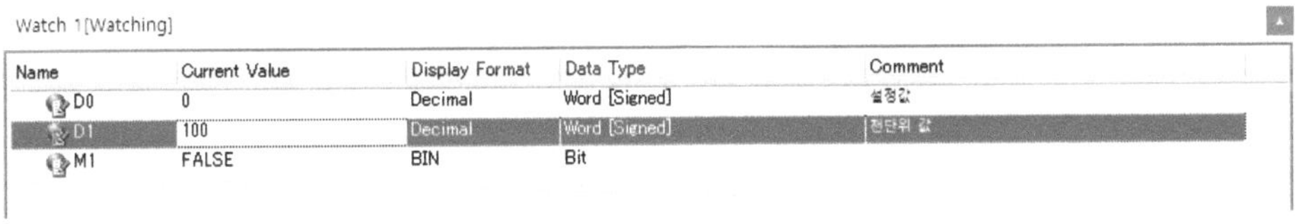

"현재값" 란에 변경값을 입력하고 Enter 키를 누른다.

- 비트 디바이스(X, Y 등): ON은 "1", OFF는 "0" 을 입력 (ON은 "TRUE", OFF 는 "FALSE" 를 표시한다.)
- 워드 디바이스(T, C, D 등) 디바이스가 취급할 수 있는 범위의 수치를 입력한다.

다. 디바이스의 일괄 모니터

연속하는 디바이스의 현재값을 모니터할 수 있다. 이때 선두 디바이스 번지를 등록한다.

① 메뉴바의 [온라인] → [모니터] → [디바이스/버퍼 메모리 일괄 모니터] 를 선택한다.

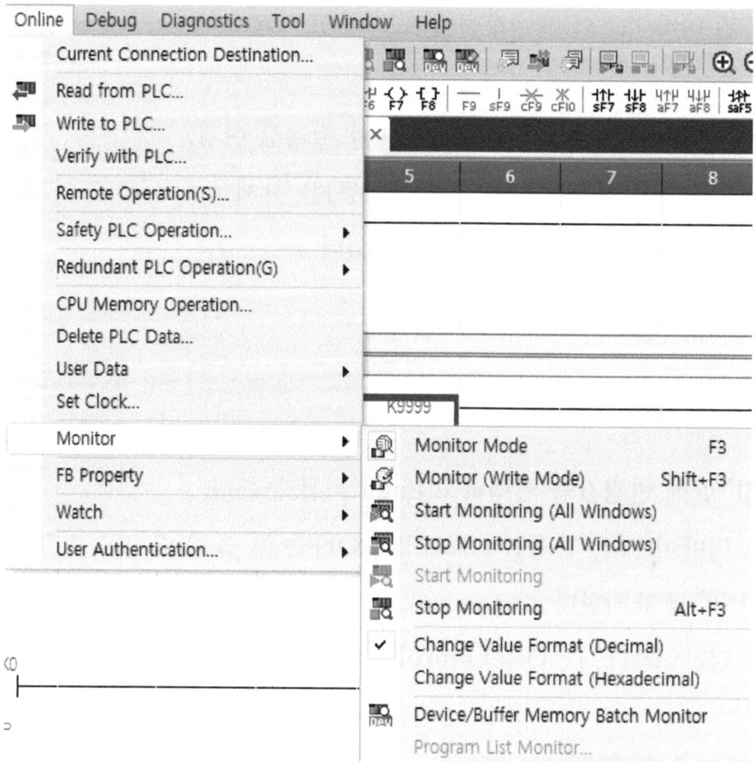

② [디바이스/버퍼 메모리 일괄 모니터] 윈도우에 모니터할 디바이스의 선두 번호를 입력하고 Enter 키를 누른다.

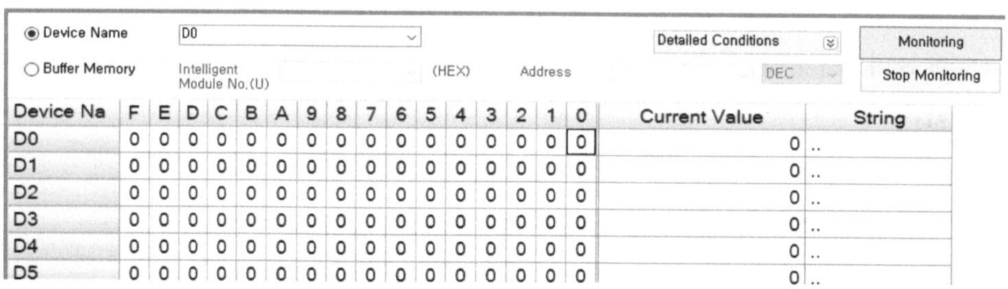

③ 디바이스 동작에 따라 동작 상태가 표시된다.

- 비트 디바이스(X, Y, M, S): ON = 1, OFF = 0
- 타이머, 카운터: 접점/코일의 ON/OFF 상태, 설정값, 현재값
- 데이터 레지스터: 현재값

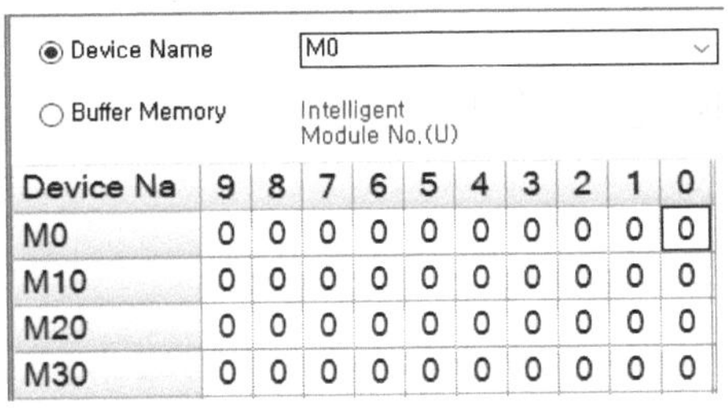

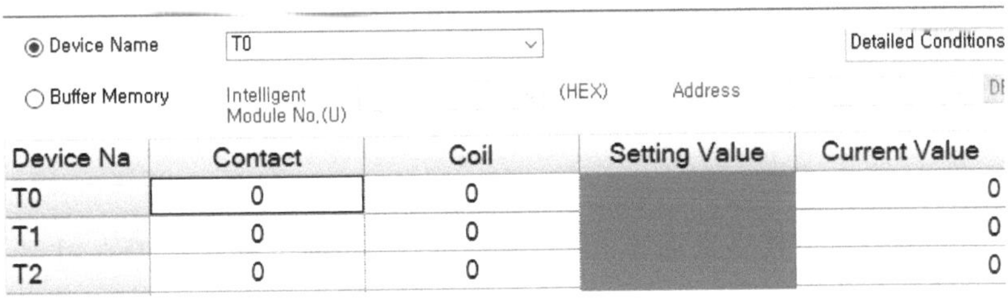

라. 프로그램의 RUN 중 쓰기

PLC가 RUN 상태에서 래더를 수정하였다면 수정된 부분만을 PLC에 쓰는 방법이다. 이것은 프로그램 전체를 전송하지 않으므로 프로그램을 빠르게 쓸 수 있다.

① 래더를 수정하게 되면 해당 블록이 회색으로 나타난다.

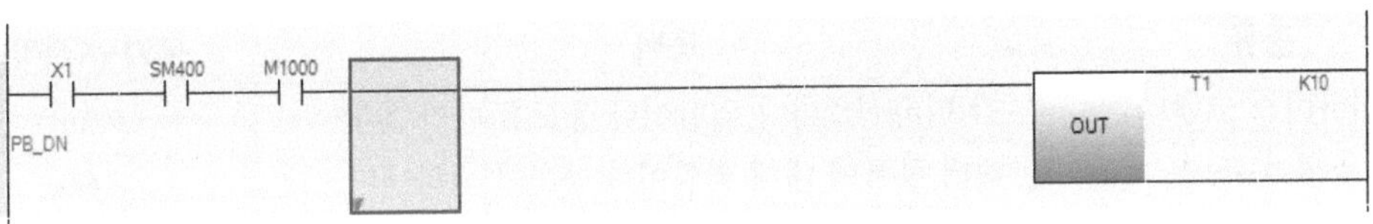

② "Shift + F4" 또는 메뉴 바에서 [변환] → [온라인 프로그램 변환]을 선택한다.

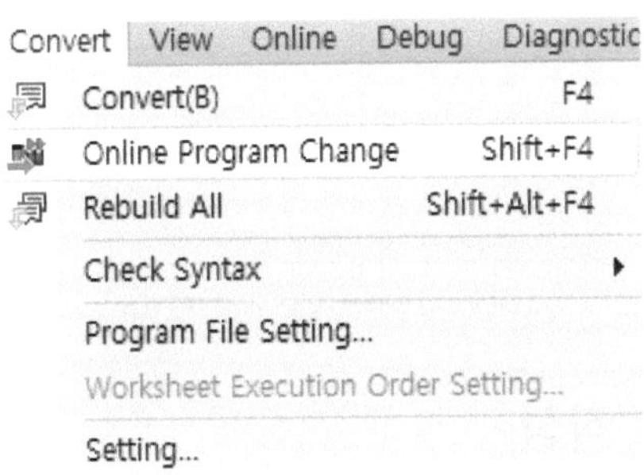

③ 프로그램 변경에 의한 PLC의 제어가 변함에 따른 안전상의 문제가 없는지 등의 주의 메세지의 내용을 확인하고 [예]를 클릭한다.

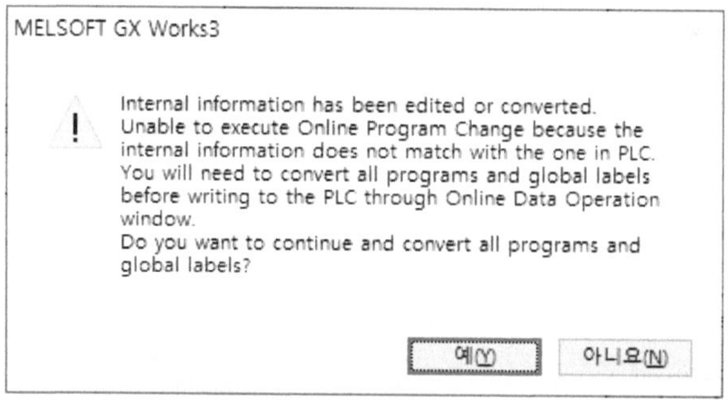

주) 수정 전의 PLC 프로그램과 PC 내의 프로그램이 일치하지 않으면 쓸 수 없다. 일치하는지가 불확실할 때는 사전에 대조하거나 [PLC 쓰기]로 일괄 전송해야 한다.

11) 코멘트 입력

프로그램 작성 시 코멘트를 입력하여 프로그램을 쉽게 이해할 수 있다. 코멘트에는 다음과 같이 3종류가 있다.

종류	목적	문자수(전각)
디바이스 코멘트	각 디바이스마다 역할이나 용도를 나타낸다.	1024
스테이트먼트	래더 블록에 대해 역할이나 용도를 나타낸다.	5000
노트	출력 명령에 대해 역할이나 용도를 나타낸다.	5000

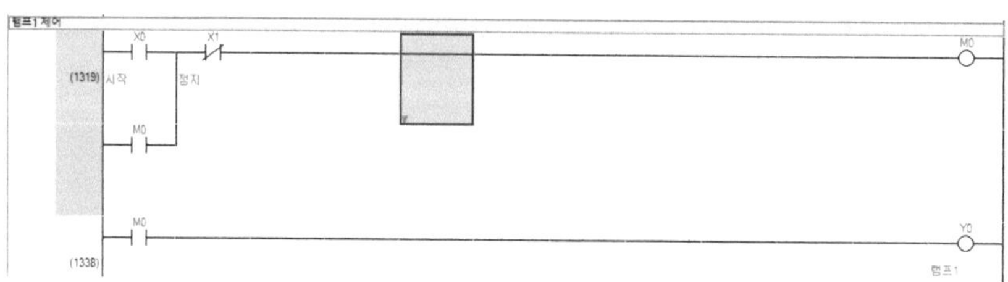

가. 디바이스 코멘트 작성

① 내비게이션 윈도우의 [디바이스] → [디바이스 코멘트] → [공통 디바이스 코멘트]를 더블클릭한다.

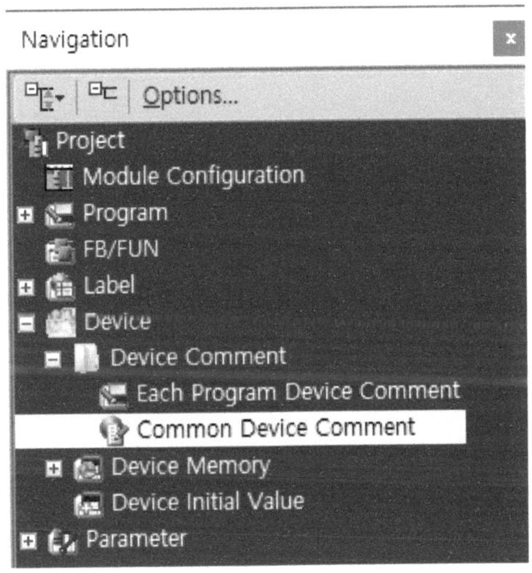

② "디바이스명"에 코멘트를 작성할 디바이스의 선두 번호를 입력하고 Enter 키를 누른다.

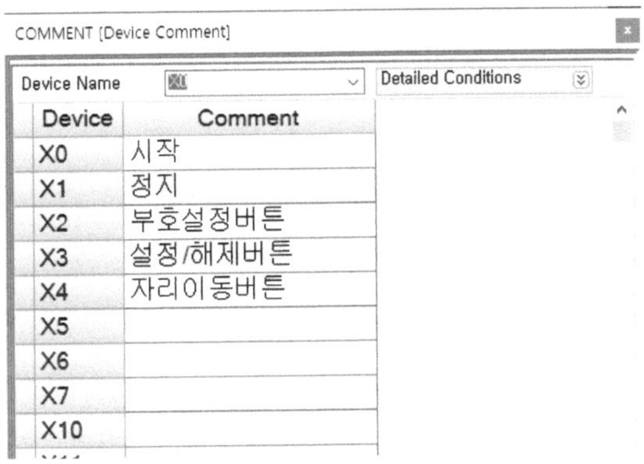

③ 코멘트를 입력한다. 다른 디바이스의 코멘트를 입력할 때는 ②에서 디바이스 번호를 재입력한다.

〈편집창에 코멘트를 표시하거나 사라지게 하는 방법〉

메뉴 바의[표시] → [코멘트 표시]를 클릭하면 된다. (단축키: Ctrl+F5)

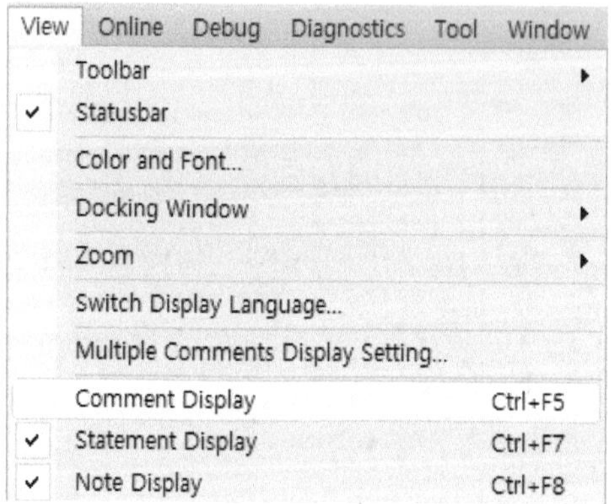

〈래더를 작성하면서 코멘트를 입력하는 방법〉

방법 1: 메뉴 바의 [툴] → [옵션]을 선택한다.

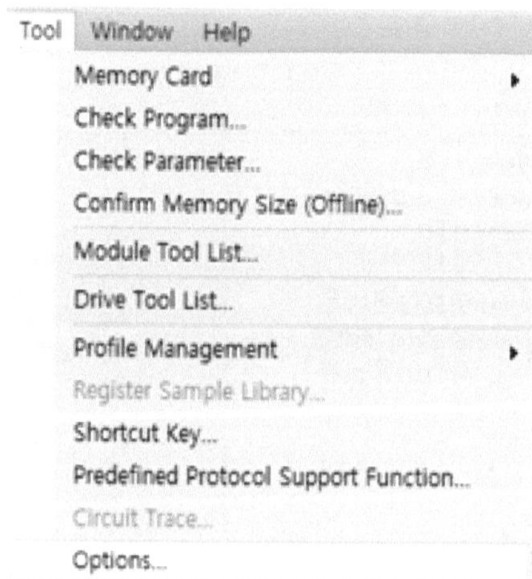

설정 트리에서 [프로그램 에디터] → [래더 에디터]를 선택하여 "라벨 코멘트, 디바이스 코멘트 입력"을 "예"로 한다.

이 설정을 하면 래더 작성 시에 래더 입력 조작에 이어서 "코멘트 입력" 윈도우가 표시된다.

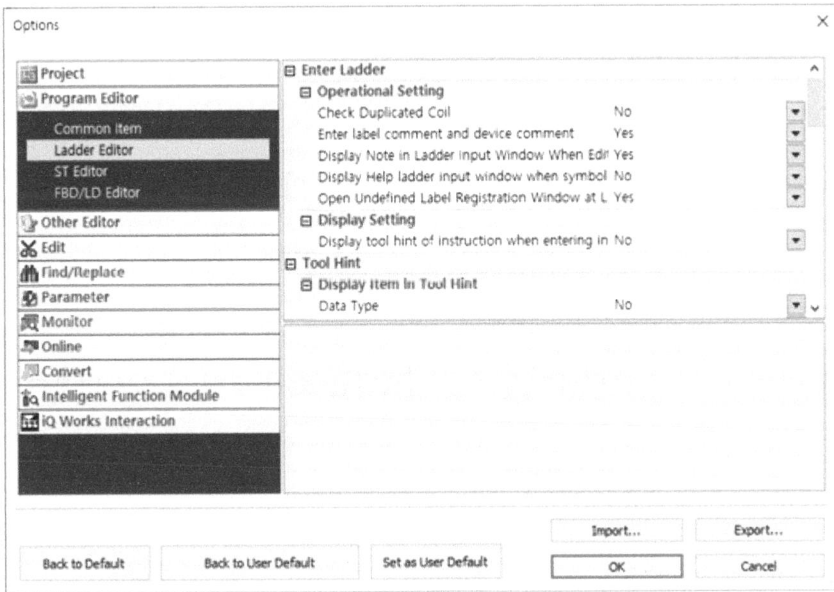

방법 2: 래더 입력 시 왼쪽의 아이콘 을 클릭하면 코멘트 입력이 전환한다.

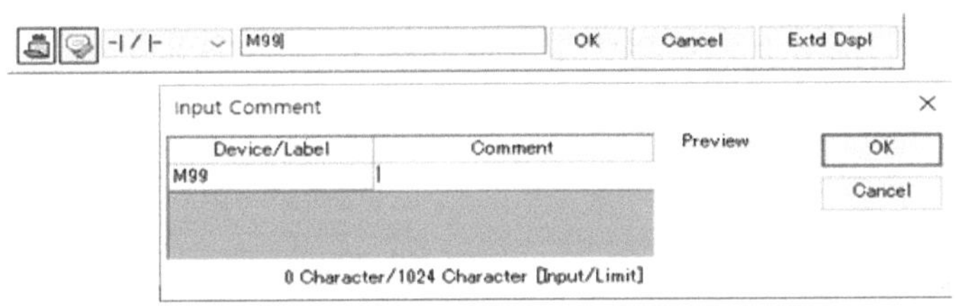

나. 스테이트먼트 작성

① 툴 바에서 를 클릭한 후 스테이트먼트를 입력하고자 하는 라인의 임의의 부분을 더블클릭한다.

② "행간 스테이트먼트 입력" 윈도우에 내용을 입력하고 [OK]를 클릭한다.

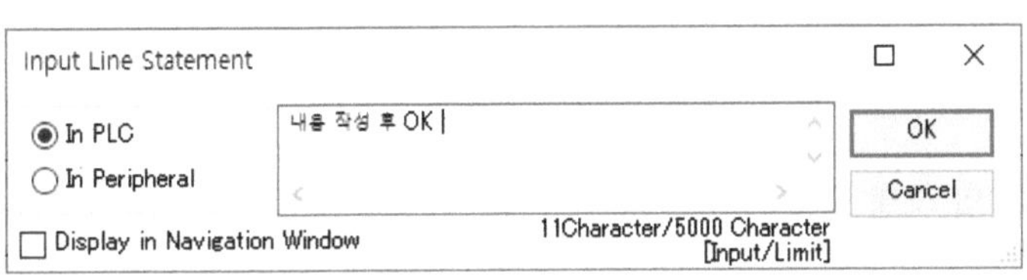

③ F4를 눌러 변환한다.

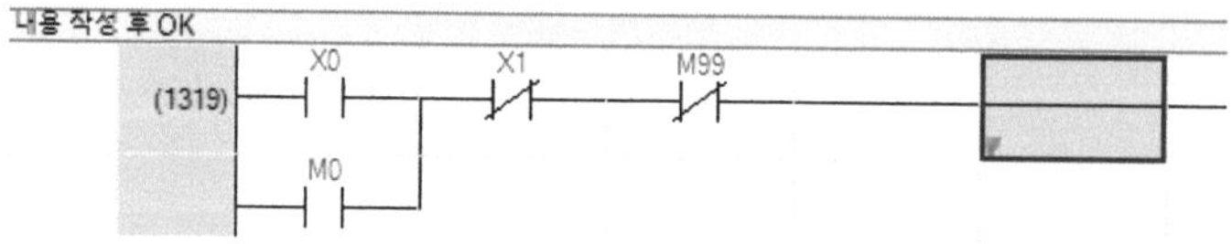

스테이트먼트 입력 조작을 종료하려면 툴 바의 아이콘 을 다시 클릭한다.

다. 노트 작성

① 툴 바에서 를 클릭하여 노트를 입력하는 출력 명령 기호를 더블클릭한다.

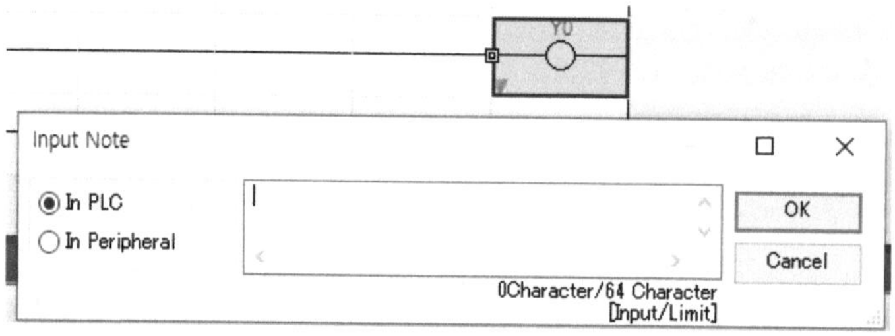

② "노트 입력" 윈도우에 노트를 입력하여 [OK]를 클릭한다.

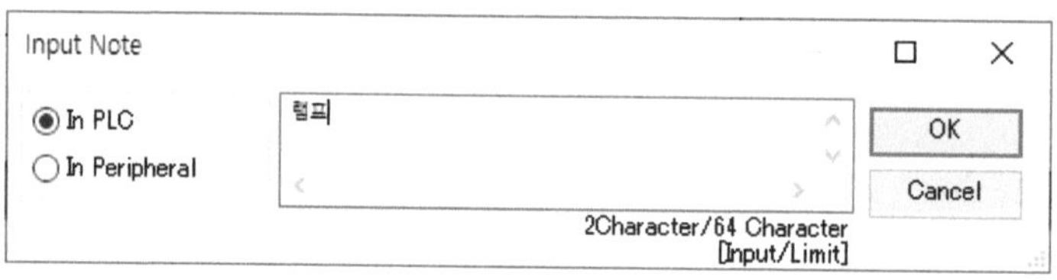

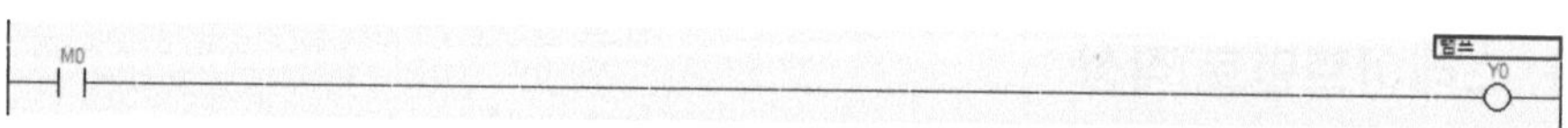

③ F4를 눌러 변환한다.

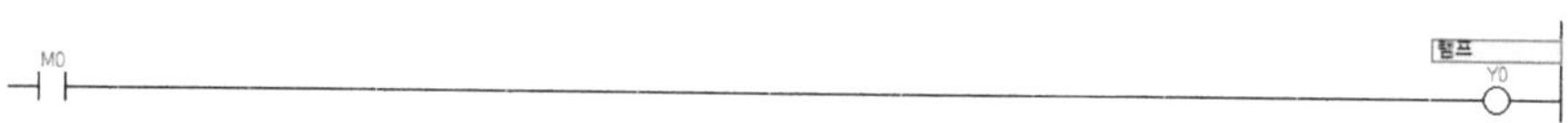

노트 입력 조작을 종료하려면 툴 바의 아이콘 을 다시 클릭한다.

TIP

외관선 추가 및 삭제: "Ctrl + 방향키"를 사용하면 외관선을 쉽게 추가하거나 삭제할 수 있다.

PART **V**

PLC 명령어

단원 소개

PLC 프로그램은 명령어와 데이터의 조합이다. 5장에서는 프로그램 작성에 사용되는 기본 명령어와 산술연산, 비교연산, 논리연산 명령어 등에 대하여 학습한다.

CHAPTER 01

4차 산업혁명 시대,
스마트공장 구축을 위한 스마트 제조 & 시퀀스 및 PLC 기초 실습

디바이스, 디바이스 번호

학습 목표

1. FX5U PLC에서 사용하는 디바이스를 구분하여 프로그래밍할 수 있다.
2. PLC에서 사용하는 수 체계에 대하여 설명할 수 있다.
3. 기본 명령어와 응용 명령어를 사용하여 프로그래밍할 수 있다.

PLC 프로그램은 명령어와 명령어에 의해 처리되는 데이터로 구성되어 있다.

명령은 명령어만 존재하는 경우도 있고, "명령어 + 디바이스" 형태로 존재하기도 한다. 먼저 프로그램 작성에 사용되는 디바이스에 대해 살펴보자.

PLC의 동작 원리를 살펴보면 [그림 5-1]과 같이 스위치나 센서 등의 외부 입력 신호의 ON/OFF에 의해 입력 릴레이가 동작한다. 이 입력 릴레이의 접점으로 PLC 프로그램이 동작되며, 프로그램의 연산의 결괏값이 출력 단자에 연결된 접점을 ON/OFF 하게 된다. 이 출력 접점의 ON/OFF에 의해 외부 부하가 동작하게 된다.

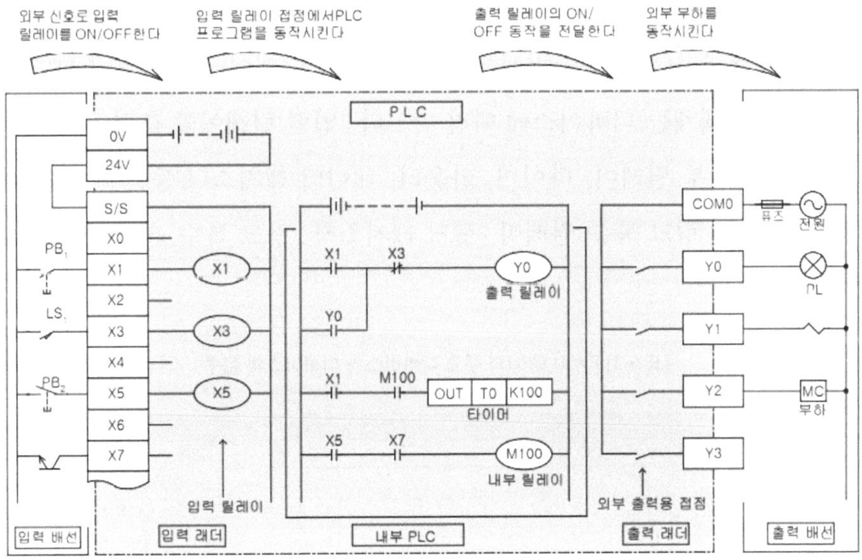

[그림 5-1] PLC 동작 원리

따라서 프로그램을 작성하기 위해서는 먼저 프로그램에서 사용되는 디바이스의 종류를 구분할 수 있어야 한다.

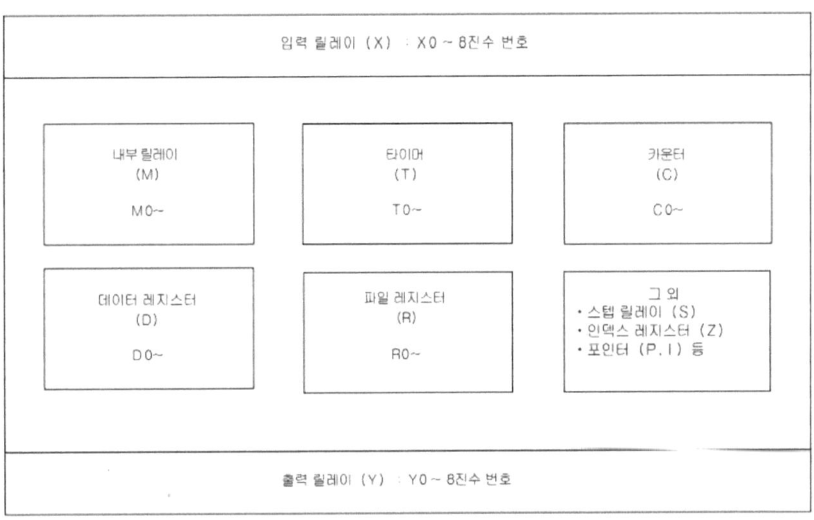

[그림 5-2] 디바이스의 종류

FX5U PLC의 CPU는 [그림 5-2]와 같이 입력 릴레이, 출력 릴레이, 내부 릴레이, 타이머, 카운터, 데이터 레지스터, 파일 레지스터와 그 외 여러 디바이스를 가지고 있다.

FX5U CPU의 주요 디바이스와 디바이스의 점수는 [표 5-1]과 같다.

각 디바이스는 식별자[예: 입력 릴레이(X), 타이머(T), 데이터 레지스터(D) 등]가 있으며 디바이스의 주소 체계는 디바이스에 따라 다르다. 입력 릴레이와 출력 릴레이의 주소는 8진수를 사용한다. 내부 릴레이, 타이머, 카운터, 데이터 레지스터 등은 10진수 주소를 사용하며, 링크 릴레이, 링크 특수 릴레이, 링크 레지스터, 링크 특수 레지스터는 16진수 주소를 사용하고 있다.

[표 5-1] FX5U CPU의 주요 디바이스와 디바이스의 점수

항목			진수	최대점수	
사용자 디바이스 점수	입력 릴레이 (X)		8	1024 점 이하	입출력에 할당된 X,Y 의 합계는,
	출력 릴레이 (Y)		8	1024 점 이하	최대256점이 됩니다.
	내부 릴레이 (M)		10	32768 점 (파라미터에 의해 변경 가능) *1	
	래치 릴레이 (L)		10	32768 점 (파라미터에 의해 변경 가능) *1	
	링크 릴레이 (B)		16	32768 점 (파라미터에 의해 변경 가능) *1	
	어넌시에이터 (F)		10	32768 점 (파라미터에 의해 변경 가능) *1	
	링크 특수 릴레이 (SB)		16	32768 점 (파라미터에 의해 변경 가능) *1	
	스텝 릴레이 (S)		10	4096 점 (고정)	
	타이머 계	타이머 (T)	10	1024 점 (파라미터에 의해 변경 가능) *1	
	적산 타이머 계	적산 타이머 (ST)	10	1024 점 (파라미터에 의해 변경 가능) *1	
	카운터 계	카운터 (C)	10	1024 점 (파라미터에 의해 변경 가능) *1	
		롱 카운터 (LC)	10	1024 점 (파라미터에 의해 변경 가능) *1	
	데이터 레지스터 (D)		10	8000 점 (파라미터에 의해 변경 가능) *1	
	링크 레지스터 (W)		16	32768 점 (파라미터에 의해 변경 가능) *1	
	링크 특수 레지스터 (SW)		16	32768 점 (파라미터에 의해 변경 가능) *1	
시스템 디바이스 점수	특수 릴레이 (SM)		10	10000 점 (고정)	
	특수 레지스터 (SD)		10	12000 점 (고정)	
유닛 액서스 디바이스	인텔리전트 기능 유닛 디바이스		10	65536 점 (U□WG□로 지정)	
인덱스 레지스터 점수	인덱스 레지스터 (Z) *2		10	24 점	
	롱 인덱스 레지스터 (LZ) *2		10	12 점	
파일 레지스터 점수	파일 레지스터 (R)		10	32768 점 (파라미터에 의해 변경 가능) *1	
네스팅 점수	네스팅 (N)		10	15 점 (고정)	
포인터 점수	포인터 (P)		10	4096 점	
	입력 포인터 (I)		10	178 점 (고정)	
그 외	10 진 정수 (K)	부호 있음	–	16 비트 시 : -32768 ~ +32767, 32 비트 시 : -2147483648~ +2147483647	
		부호 없음	–	16 비트 시 : 0 ~ 65535, 32 비트 시 : 0 ~ 4294967295	
	16 진 정수 (H)		–	16 비트 시 : 0 ~ FFFF, 32 비트 시 : 0 ~ FFFFFFFF	
	실수 정수 (E)	단정수	–	E-3.40282347+38 ~ E-1.17549435-38, 0, E1.17549435-38 ~ E3.40282347+38	
	문자열		–	시프트 JIS 코드 최대 반각 255문자(NULL을 포함하면 256 문자)	

* 1: CPU 내장 메모리의 용량 범위 내에서 파라미터에 의해 변경이 가능하다.
* 2: 인덱스 레지스터(Z)와 롱 인덱스 레지스터(LZ)는 합계 24워드 이하로 설정이 가능하다.

CHAPTER 02

4차 산업혁명 시대,
스마트공장 구축을 위한 스마트 제조 & 시퀀스 및 PLC 기초 실습

PLC에서 사용하는 수 표현

PLC는 단순히 릴레이 제어반을 대신하는 역할만을 하는 제어기가 아니다. 산술연산이나 비교연산 그리고 논리연산 등을 처리할 수 있는 제어기이다. 이러한 연산에 사용되는 수치에 대한 표현 방식을 이해하는 것은 PLC 프로그램 작성에 있어 매우 중요하다.

1. 10진수(Decimal)

10진수는 숫자 0부터 9까지의 9개의 숫자로 수를 표현하는 방식으로, 사람이 일상생활 속에서 사용하는 수 표현 방식이다. FX5U PLC는 디바이스 중 내부 릴레이(M), 타이머(T), 카운터(C) 그리고 데이터 레지스터(D)의 주소로 10진수를 사용한다.

또한, 타이머나 카운터의 설정값에도 사용된다. 이때는 10진 정수를 나타내기 위해 숫자 앞에 "K"를 붙여 사용한다. 예: 10진 정수 30 → K30

2. 8진수(Octal)

숫자 0부터 7까지 8개의 숫자를 이용해 수를 표현하는 방식이다. FX5U PLC에서는 입력 릴레이(X)와 출력 릴레이(Y)의 주소를 지정할 때 8진수를 사용한다.

FX PLC의 입출력 번호의 8진수 표현 방법은 [그림 5-3]과 같다.

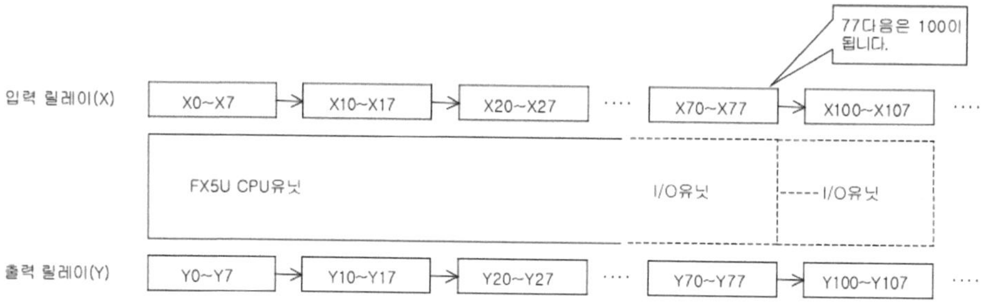

[그림 5-3] FX PLC의 입출력 번호

3. 2진수(Binary)

CPU가 있는 컴퓨터나 PLC의 연산은 2진수를 사용하고 있다. 이것은 메모리나 릴레이의 ON/OFF를 2진수인 0과 1로 나타내기에 유리하기 때문이다.

10진수, 8진수, 2진수, 16진수의 표현을 아래에 나타내었다.

10진수	8진수	2진수	16진수	BCD 코드
0	0	0	0	0000
1	1	1	1	0001
2	2	10	2	0010
3	3	11	3	0011
4	4	100	4	0100
5	5	101	5	0101
6	6	110	6	0110
7	7	111	7	0111
8	10	1000	8	1000
9	11	1001	9	1010
10	12	1010	A	00010000
11	13	1011	B	00010001
12	14	1100	C	00010010
13	15	1101	D	00010011
14	16	1110	E	00010100
15	17	1111	F	00010101

16	20	10000	10	00010110
17	21	10001	11	00010111
18	22	10010	12	00011000
…	…	…	…	…
99	143	01100011	63	10011001

4. 16진수(Hexadecimal)

16진수는 0~9(숫자 10개)와 A~F(문자 6개) 총 16개로 각 자리의 수를 표현하는 방식이다. (16진수 "A" 는 10진수의 "10"과 같다.)

FX5U에서는 16진수 값을 나타내기 위해 숫자 앞에 "H"를 붙여 사용한다.

예를 들어 10진수 "100"은 2진수, 8진수 그리고 16진수에서는 어떻게 표현되는지 살펴보자.

비트	7	6	5	4	3	2	1	0
2진수	0	1	1	0	0	1	0	0
가중치	128 (27)	64 (26)	32 (25)	16 (24)	8 (23)	4 (22)	2 (21)	1 (20)
64 + 32 + 4 = 100								

10 진수

10진수		1	0	0
가중치		100 (102)	10 (101)	1 (100)
1×100 + 0×10 + 0×1 = 100				

8 진수

8진수		1	4	4
가중치		64 (8^2)	8 (8^1)	1 (8^0)
1×64 + 4×8 + 4×1 = 100				

16 진수

16진수		6	4
가중치		16 (16^1)	1 (16^0)
6×16 + 4×1 = 100			

십진수(100) = 16진수(64) = 8진수(144) = 2진수(01100100)

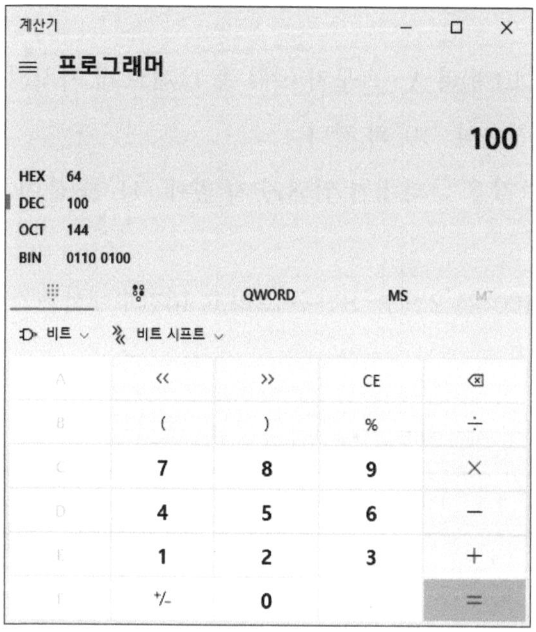

5. BCD 코드

BCD는 "BINARY CODED DECIMAL"의 약자로 "2진화 10진수"라고 부른다. 10진수의 각 자리를 구성하는 0부터 9까지의 수를 4비트의 Binary로 표현하는 방식으로 디지털 스위치의 입력 신호나 FND 표시기의 출력 신호로 사용된다.

예를 들어 십진수 100을 BCD 코드로 변환하면 "0001 0000 0000"이다.

비트	12	11	10	9	8	6	5	4	3	2	1	0
2진수	0	0	0	0	0	1	1	0	0	1	0	0
가중치						64	32			4		
64 + 32 + 4 = 100												

↓

BCD 변환

10진수	1				0				0			
비트	12	11	10	9	8	6	5	4	3	2	1	0
BCD	1	0	0	0	0	0	0	0	0	0	0	0

우리가 꼭 기억해야 할 것은 BCD 값은 수치 데이터가 아니라는 것이다. 우리 눈에는 다 같은 숫자 "100"으로 보이나 CPU에서는 다르게 저장된다는 것을 기억하기 바란다.

CHAPTER 03

4차 산업혁명 시대,
스마트공장 구축을 위한 스마트 제조 & 시퀀스 및 PLC 기초 실습

워드 디바이스(16비트, 32비트)

워드 디바이스는 16비트 또는 32비트의 수치 데이터를 저장하는 것을 목적으로 한 레지스터로 부호 사용 여부에 따라 수 표현 범위가 달라진다.

워드 디바이스는 16비트로 되어 있으나 두 개의 워드 디바이스를 연속하여 사용하면 32비트 데이터를 저장하게 된다.

타이머나 카운터의 현재값을 저장하는 레지스터는 16비트 레지스터이며 최상위 비트는 항상 "0" 이며, 정수의 취급 범위는 0부터 32,767까지이며, 이 범위를 벗어나면 에러가 되어 동작하지 않게 된다.

1. 부호 있는 16비트 데이터

16비트 메모리는 65,536(=216)개의 서로 다른 데이터를 저장할 수 있다.

부호(양수와 음수)를 포함하는 16비트 데이터에서는 −32,768 ~ +32,767까지의 수치를 표현할 수 있다.

최상위 비트는 부호 비트로 사용되며 비트의 값이 "0" 이면 데이터의 값은 양수이고, "1" 이면 데이터의 값은 음수를 나타낸다.

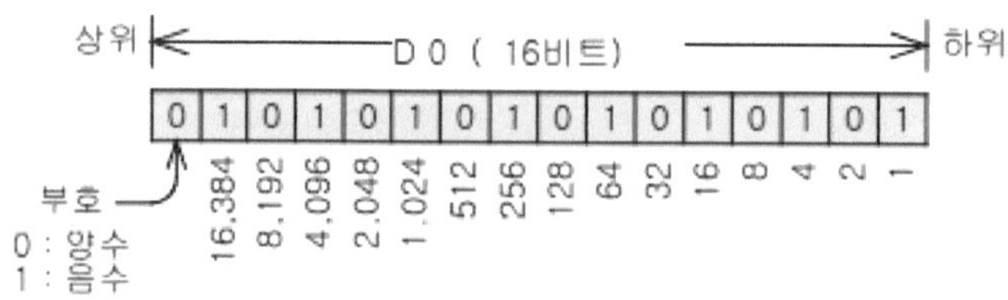

2. 부호 없는 16비트 데이터

16비트 데이터에서 부호를 사용하지 않는 경우, 즉 양수만 사용하는 경우에는 0 ~ +65,535까지의 수치를 표현할 수 있다. 이때 최상위 비트의 가중치는 32,768의 값을 가진다.

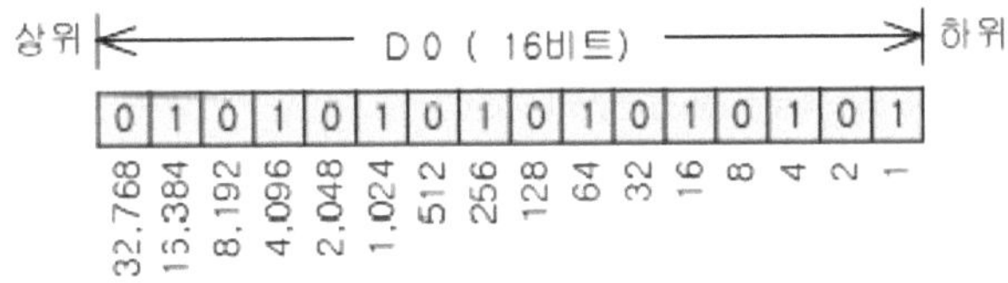

3. 부호 있는 32비트 데이터

−32,768 ~ +32,767의 범위를 벗어나는 수치 데이터를 저장하기 위해서는 32비트 데이터가 필요하며, 이때는 연속한 데이터 레지스터를 사용한다.

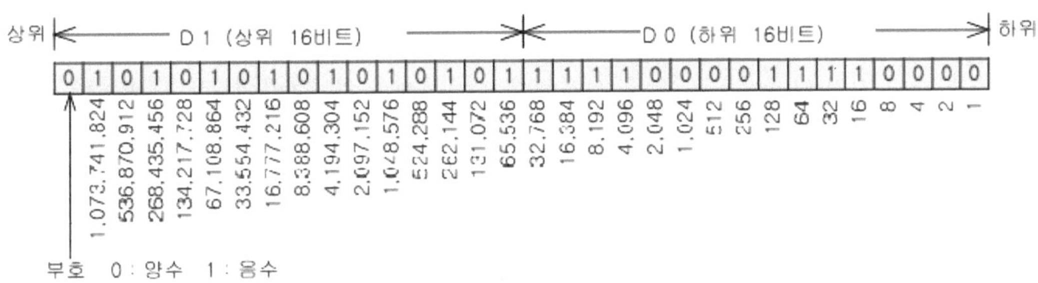

16비트 두 개가 연속된 데이터 레지스터의 번지는 하위 16비트가 낮은 주소를 가지며 상위 16비트가 높은 주소를 가진다.

부호가 있는 32비트는 −2,147,483,648 ~ +2,147,483,647 까지의 수치를 표현할 수 있으며, 최상위 비트가 부호 비트가 되어 "0"이면 양수, "1"이면 음수가 된다.

4. 부호 없는 32비트 데이터

부호 없는 32비트 데이터에서는 0 ~ +4,294,967,295까지의 수치를 표현할 수 있다.

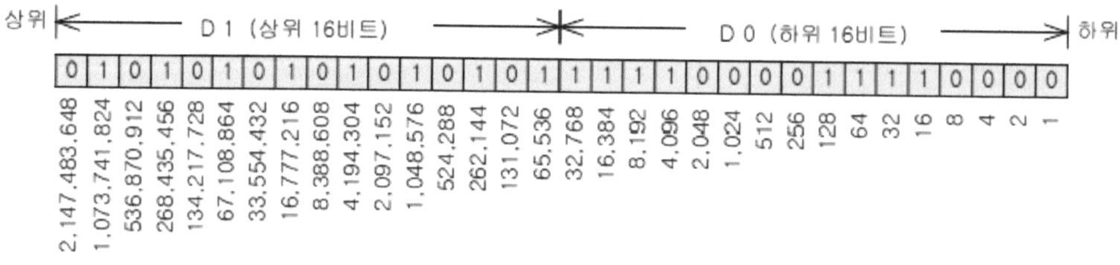

데이터 레지스터의 주소는 오른쪽이 낮은 주소를 가지며 왼쪽으로 가면서 1씩 증가한다.

5. 비트 디바이스를 워드 디바이스처럼…

ON과 OFF의 정보만을 취급하는 비트 디바이스[입력 릴레이(X), 출력 릴레이(Y), 내부 릴레이(M), 상태 릴레이(S)]를 마치 워드 디바이스처럼 사용할 수 있다.

사용하는 방법은 지정한 디바이스부터 상위로 4개의 비트 단위(NIBBLE)로 1부터 8까지의 조합으로 32비트 이하의 수치를 취급할 수 있다.

그림과 같이 지정 디바이스로 X0을 선택했다고 가정해 보자. 그림에서는 16비트만 나타내었지만 최대 32비트까지 가능하다.

사용하는 방법은 지정 비트 디바이스앞에 "K□"를 붙이면 된다. □는 4비트 조합의 개수로 1부터 8까지 설정이 가능하다.

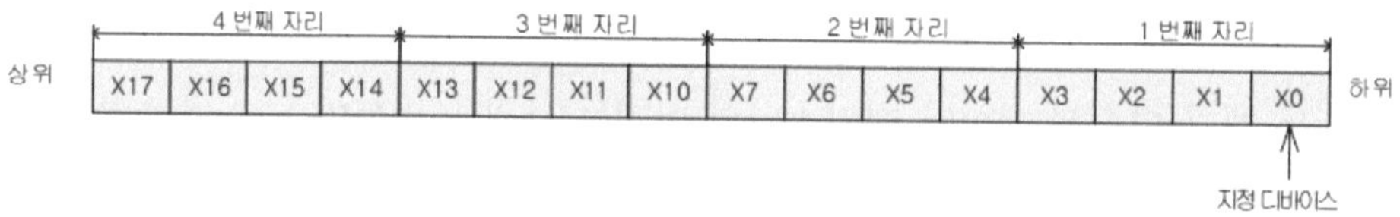

K1X0(X3 ~ X0), K2X0(X7 ~ X0), K3X0(X13 ~ X0), K4(X17 ~ X0)

K 4 X 0

① ② ③ ④

① 자리를 지정하기 위해서는 반드시 K를 붙인다.

② 16비트 연산에서는 K1~K4의 4자리 이하, 32비트 연산에서는 K1~K8의 8자리 이하를 지정할 수 있다.

③ X, Y, M, S 등의 비트 디바이스 기호를 지정한다.

④ 최하위 비트의 디바이스 번호를 지정한다.
지정 디바이스 번호는 임의의 번호를 선택할 수 있다.(예 K4M100, K2Y10 등)

6. 워드 디바이스를 비트 디바이스처럼…

위에서는 비트 디바이스를 마치 워드 디바이스처럼 사용하는 방법에 대해 알아보았다. 이번에는 그 반대로 워드 디바이스를 비트 디바이스처럼 사용하는 방법을 알아보자. 워드 디바이스는 연속된 16개의 비트의 조합이다. FX5U PLC는 워드 디바이스의 각 비트를 각각 사용할 수 있다.

	D0															
비트	F	E	D	C	B	A	9	8	7	6	5	4	3	2	1	0
2진수	0	1	1	0	1	0	1	1	0	0	0	1	0	1	0	0

데이터 레지스터 D0의 4번 비트를 참조하려면 "D0.4"를 설정하면 된다. 만약 15번 비트의 데이터를 참조한다면 "D0.F"를 설정한다. 워드 디바이스를 비트 디바이스로 사용할 때 주의할 점은 비트 번지를 지정할 때 16진수로 표현해야 한다는 것이다.

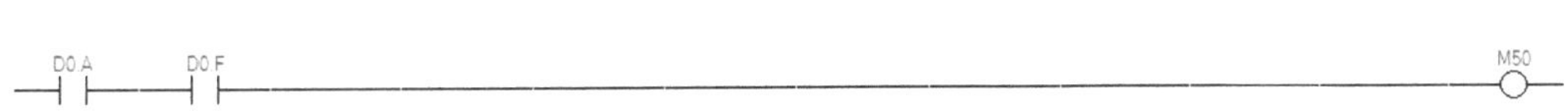

CHAPTER 04

4차 산업혁명 시대,
스마트공장 구축을 위한 스마트 제조 & 시퀀스 및 PLC 기초 실습

데이터 전송 명령(MOV/FMOV/BMOV)

데이터 전송 명령이란 ON/OFF 데이터 또는 수치 데이터를 전송 소스에서 전송 상대로 보내는 것을 목적으로 한 명령이다.

데이터의 일시 기억이나 저장을 이야기할 때는 반드시 사용하는 명령 중에서도 대표적인 명령이다.

전송 명령에는 단순하게 데이터를 이동하는 것도 있고, BCD BIN 등과 같이 전송 시 데이터를 변환하는 것도 있다.

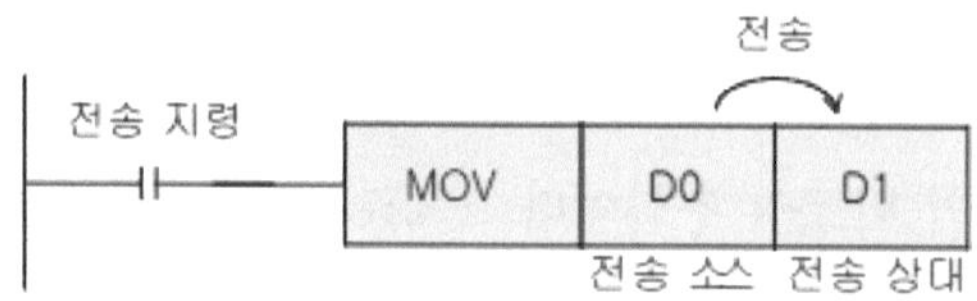

위 프로그램에서 전송 명령 MOV의 실행은 전송 지령 입력이 ON 되면 전송 소스(D0)에 있는 데이터가 전송 상대(D1)에 쓰인다. 이때 전송 소스 데이터는 변경되지 않는다. 이때 데이터의 전송은 Binary 값으로 전송된다.

또한, 전송 지령 입력이 OFF 되어 있을 때는 데이터가 전송되지 않고 전송 상대 데이터는 변경되지 않는다.

1. MOV 명령 사용 예

가. [워드 디바이스(16비트)] → [워드 디바이스(16비트)] 간의 전송

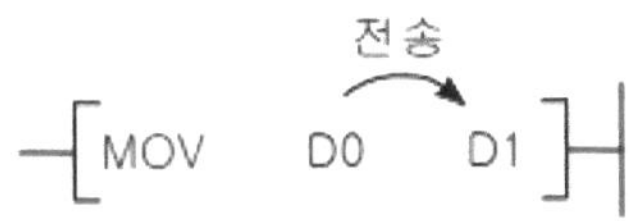

Device Na	F	E	D	C	B	A	9	8	7	6	5	4	3	2	1	0
D0	0	0	0	1	0	0	1	0	0	0	1	1	0	1	0	0
D1	0	0	0	0	0	0	0	0	0	0	0	0	0	0	0	0

Device Na	F	E	D	C	B	A	9	8	7	6	5	4	3	2	1	0
D0	0	0	0	1	0	0	1	0	0	0	1	1	0	1	0	0
D1	0	0	0	1	0	0	1	0	0	0	1	1	0	1	0	0

나. [상수 K(10진수)] → [워드 디바이스] 로의 전송

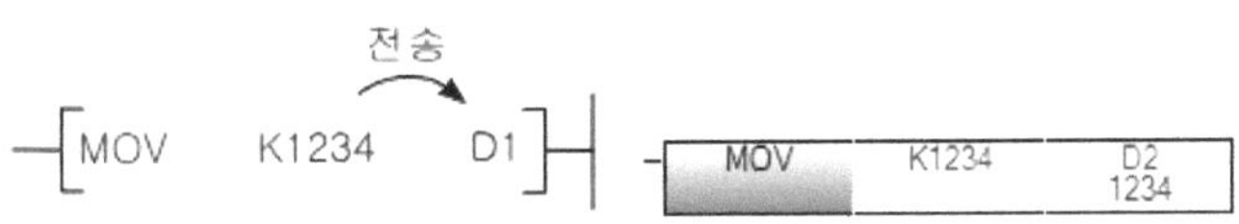

Device Na	F	E	D	C	B	A	9	8	7	6	5	4	3	2	1	0
D2	0	0	0	0	0	0	0	0	0	0	0	0	0	0	0	0

Device Na	F	E	D	C	B	A	9	8	7	6	5	4	3	2	1	0	Current Value
D2	0	0	0	0	0	1	0	0	1	1	0	1	0	0	1	0	1234

MOV 명령이 실행되면 십진상수 1234는 Binary 값으로 변환되어 저장된다.

다. [비트 디바이스] → [워드 디바이스] 로의 전송

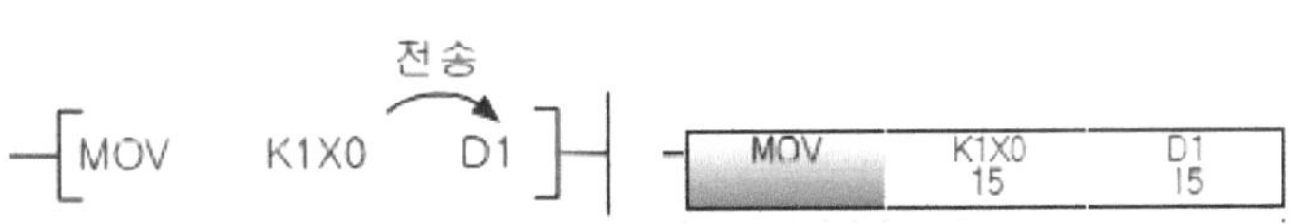

Device Na	7	6	5	4	3	2	1	0
X0	0	0	0	0	1	1	1	1
X10	0	0	0	0	1	1	1	1

Device Na	F	E	D	C	B	A	9	8	7	6	5	4	3	2	1	0
D1	0	0	0	0	0	0	0	0	0	0	0	0	1	1	1	1

상위 비트의 데이터는 "0" 으로 채워진다.

라. [워드 디바이스] → [비트 디바이스]로의 전송

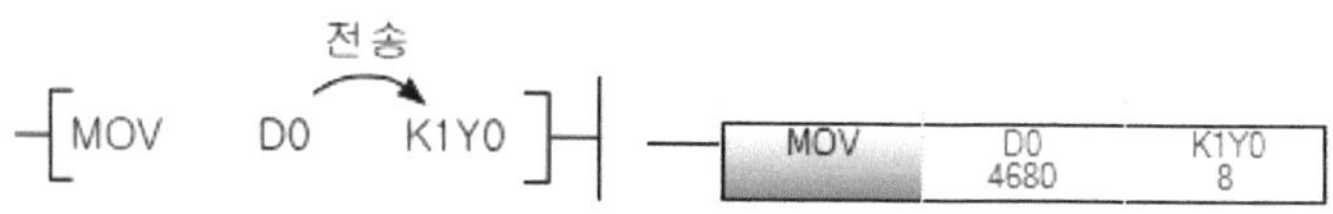

Device Na	F	E	D	C	B	A	9	8	7	6	5	4	3	2	1	0
D0	0	0	0	1	0	0	1	0	0	1	0	0	1	0	0	0

Device Na	7	6	5	4	3	2	1	0
Y0	0	0	0	0	1	0	0	0
Y10	0	0	0	0	0	0	0	0

2. 동일한 데이터를 연속으로 전송하는 FMOV

FMOV 명령은 전송 소스의 데이터를 전송 상대로 지정된 디바이스를 선두로 일괄 전송한다.

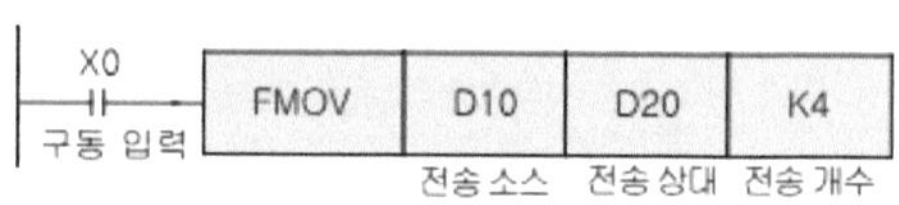

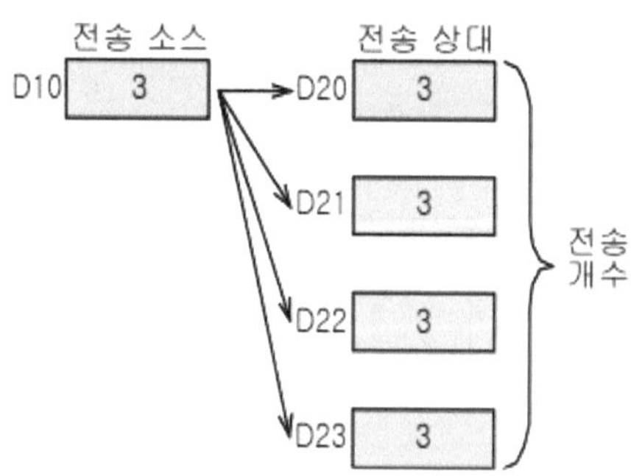

예: 명령이 실행되면 상수 H1234를 연속한 5개의 데이터 레지스터(D100 ~ D104)에 일괄 전송한다.

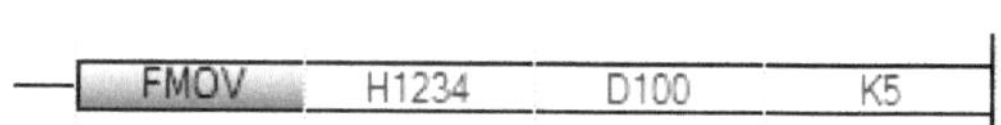

Device Na	F	E	D	C	B	A	9	8	7	6	5	4	3	2	1	0
D100	0	0	0	0	0	0	0	0	0	0	0	0	0	0	0	0
D101	0	0	0	0	0	0	0	0	0	0	0	0	0	0	0	0
D102	0	0	0	0	0	0	0	0	0	0	0	0	0	0	0	0
D103	0	0	0	0	0	0	0	0	0	0	0	0	0	0	0	0
D104	0	0	0	0	0	0	0	0	0	0	0	0	0	0	0	0
D105	0	0	0	0	0	0	0	0	0	0	0	0	0	0	0	0
D106	0	0	0	0	0	0	0	0	0	0	0	0	0	0	0	0

Device Na	F	E	D	C	B	A	9	8	7	6	5	4	3	2	1	0
D100	0	0	0	1	0	0	1	0	0	0	1	1	0	1	0	0
D101	0	0	0	1	0	0	1	0	0	0	1	1	0	1	0	0
D102	0	0	0	1	0	0	1	0	0	0	1	1	0	1	0	0
D103	0	0	0	1	0	0	1	0	0	0	1	1	0	1	0	0
D104	0	0	0	1	0	0	1	0	0	0	1	1	0	1	0	0
D105	0	0	0	0	0	0	0	0	0	0	0	0	0	0	0	0

3. 블록 단위로 전송하는 BMOV

BMOV 명령은 연속한 레지스터의 데이터를 또 다른 연속한 레지스터에 전송하는 명령어이다.

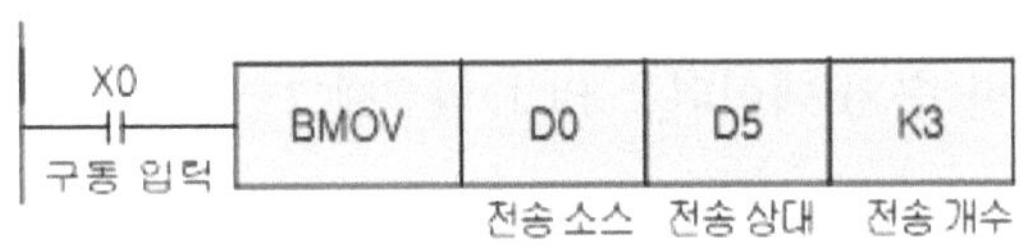

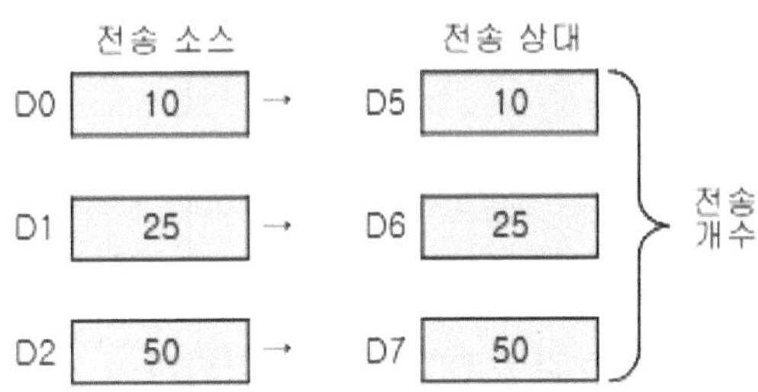

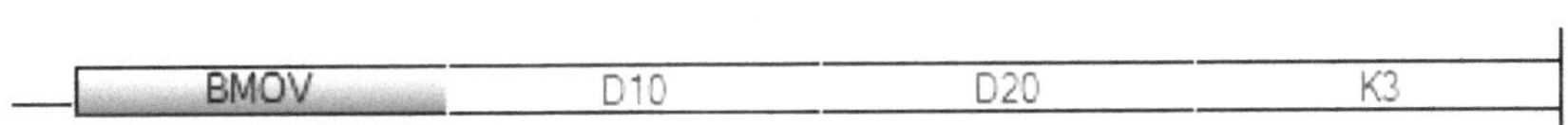

Device Na	F	E	D	C	B	A	9	8	7	6	5	4	3	2	1	0	Current Value
D10	0	0	0	0	0	0	0	0	0	0	0	0	0	0	0	1	1
D11	0	0	0	0	0	0	0	0	0	0	0	0	0	0	1	0	2
D12	0	0	0	0	0	0	0	0	0	0	0	0	0	0	1	1	3
D13	0	0	0	0	0	0	0	0	0	0	0	0	0	1	0	0	4
D14	0	0	0	0	0	0	0	0	0	0	0	0	0	1	0	1	5
D20	0	0	0	0	0	0	0	0	0	0	0	0	0	0	0	1	1
D21	0	0	0	0	0	0	0	0	0	0	0	0	0	0	1	0	2
D22	0	0	0	0	0	0	0	0	0	0	0	0	0	0	1	1	3
D23	0	0	0	0	0	0	0	0	0	0	0	0	0	0	0	0	0
D24	0	0	0	0	0	0	0	0	0	0	0	0	0	0	0	0	0

CHAPTER

05

4차 산업혁명 시대,
스마트공장 구축을 위한 스마트제조 & 시퀀스 및 PLC 기초 실습

데이터 변환 명령 BCD와 BIN

PLC 내부에서는 수치 데이터를 모두 BIN 값으로 변환하여 연산한다. 따라서 디지털 스위치의 BCD 정보를 PLC에서 수치 데이터로 연산하기 위해서는 BCD 데이터를 BIN 데이터로 변환할 필요가 있다. 이때 사용하는 명령어가 BIN 명령이다.

반대로 PLC에서 연산한 수치 데이터를 BCD의 7세그먼트 표시기에 출력할 때는 BIN 데이터를 BCD 코드로 변환하여 전송하여야 한다. 이때 사용하는 명령어가 BCD이다.

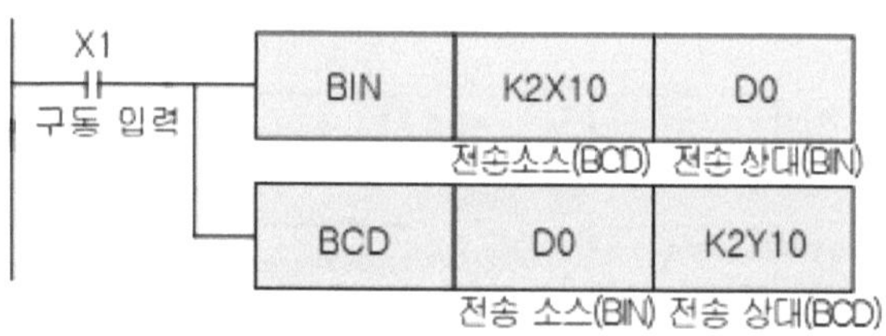

① BIN 명령: 전송 소스의 BCD 값을 BIN 값으로 변환하여 전송한다.

② BCD 명령: 전송 소스의 BIN 값을 BCD 값으로 변환하여 전송한다.

Device Na	7	6	5	4	3	2	1	0
X10	0	1	0	0	1	0	0	0
X20	0	0	0	1	0	0	1	0

// BCD 코드 (H48)

↓

Device Na	F	E	D	C	B	A	9	8	7	6	5	4	3	2	1	0	Current Value
D0	0	0	0	0	0	0	0	0	0	0	1	1	0	0	0	0	48

↓

Device Na	7	6	5	4	3	2	1	0
Y10	0	1	0	0	1	0	0	0

// 정수 48 -> BCD 코드(H48)

CHAPTER 06

4차 산업혁명 시대,
스마트공장 구축을 위한 스마트 제조 & 시퀀스 및 PLC 기초 실습

산술연산 명령어(+, −, *, /)

각종 데이터 간에 가산(더하기), 감산(빼기), 승산(곱하기), 제산(나누기)을 실행하는 명령이다. 아래 명령은 16비트 데이터를 처리하는 명령어로 작성된 프로그램이다. 32비트 명령인 경우에는 명령어 앞에 "D"를 붙여 작성한다.

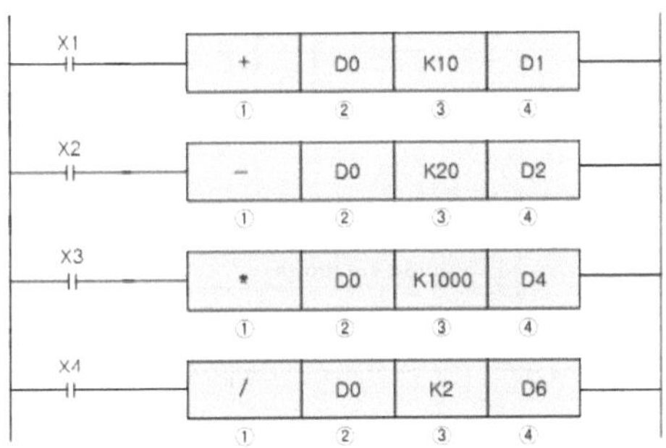

① 16비트 산술연산 명령

+: BIN 가산 (ADDITION)

—: BIN 감산 (SUBTRACTION)

*: BIN 승산 (MULTIPLICATION)

/: BIN 제산 (DIVISION)

② 피가산, 피감산, 피승산, 피제산의 피연산 데이터를 지정한다.

③ 가산, 감산, 승산, 제산의 연산 데이터를 지정한다.

④ 연산 결과의 저장 위치를 지정한다. 가산과 감산의 결과는 16비트 레지스테에 저장되고, 곱하기와 나누기 명령의 실행 결괏값의 저장을 위해서는 32비트 레지스터가 필요하다. 16비트 곱하기 연산의 결괏값은 위 프로그램에서는 D4, D5에 저장된다. 16비트 나누기 연산의 결과로 몫은 D6에 그리고 나머지 값은 D7에 저장된다. 따라서 프로그램 작성 시 레지스터의 번지가 중첩되지 않도록 주의하여 프로그래밍하여야 한다.

CHAPTER 07

4차 산업혁명 시대,
스마트공장 구축을 위한 스마트 제조 & 시퀀스 및 PLC 기초 실습

SFL(P) 명령어

워드 디바이스의 각 비트의 위치를 지정한 비트수만큼 왼쪽으로 이동하는 명령어이다. 오른쪽으로 이동할 때는 SFR(P) 명령어를 사용한다.

Ladder diagram	Structured text
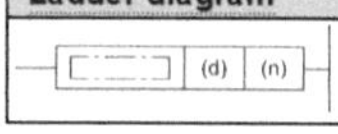	ENO:=SFL(EN,n,d); ENO:=SFLP(EN,n,d);

실행 조건

Instruction	Execution condition
SFL	
SFLP	

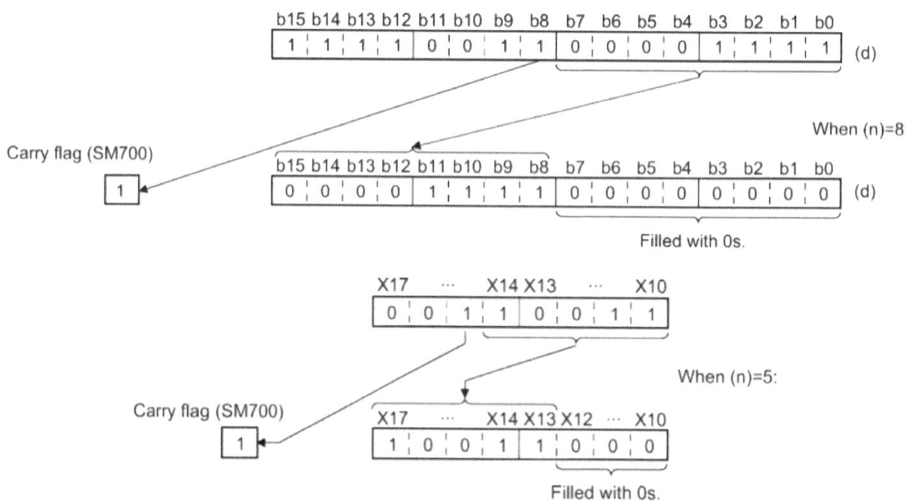

WOR(P) 명령어 // 연산자가 2개인 경우

2개의 워드 디바이스의 각 비트를 OR 연산하는 명령어이다.

Ladder diagram	Structured text
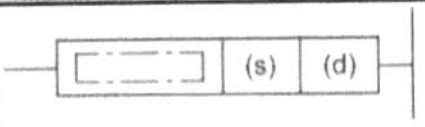	Not supported

■ **Execution condition**

Instruction	Execution condition
WOR	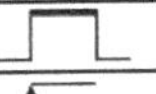
WORP	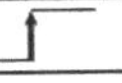

	b15							b8	b7							b0
(d)	0	1	0	1	1	1	1	1	0	0	0	0	0	0	1	1

OR

	b15							b8	b7							b0
(s)	1	0	0	1	1	1	0	0	1	1	0	0	1	1	0	0

⇩

	b15							b8	b7							b0
(d)	1	1	0	1	1	1	1	1	1	1	0	0	1	1	1	1

PART Ⅵ
PLC 실습

단원 소개

PART Ⅵ 에서는 다양한 예제를 통해 PLC 프로그램 작성법에 대해 학습한다.

CHAPTER 01

4차 산업혁명 시대,
스마트공장 구축을 위한 스마트 제조 & 시퀀스 및 PLC 기초 실습

현관 램프 제어

학습 목표

1. 순차 제어 프로그램을 작성할 수 있다.
2. 타이머, 카운터를 이요하여 프로그램을 작성할 수 있다.
3. FND에 숫자를 표현하는 프로그램을 작성할 수 있다.
4. DC 모터와 센서를 이용하여 위치 제어를 할 수 있다.

아파트나 호텔 등의 출입문 천정에는 사람의 출입 시 자동으로 ON/OFF 되는 등기구가 설치되어 있다. 등기구에 있는 센서가 사람을 감지하면 일정 시간 램프를 켠 후에 자동으로 소등한다.

입력			출력		
주소	심벌	코멘트	주소	심벌	코멘트
X00		인체 검출 센서	Y00		램프

[동작 조건]

① 인체 검출 센서가 사람을 감지하면 램프가 5초간 점등한 후에 자동으로 소등한다.

CHAPTER 02

4차 산업혁명 시대,
스마트공장 구축을 위한 스마트 제조 & 시퀀스 및 PLC 기초 실습

OFF-Delay 타이머를 이용한 빔 프로젝트 제어

업무용으로 많이 사용되는 빔 프로젝트의 제어 프로그램을 작성해 보자. 빔 프로젝트는 램프에서 많은 열이 발생한다. 그래서 이 열을 식혀 주기 위해 냉각팬이 설치되어 있다.

입력			출력		
주소	심벌	코멘트	주소	심벌	코멘트
X00		PB_ON	Y00		빔램프
X01		PB_OFF	Y01		팬

[동작 조건]

① 시작 버튼을 ON/OFF 하면 빔 램프는 점등하고, 냉각팬도 동작한다.

② 빔 프로젝트 동작 중에 정지 버튼을 ON/OFF 하면 램프는 즉시 소등하고 냉각 팬은 5초 후에 정지한다.

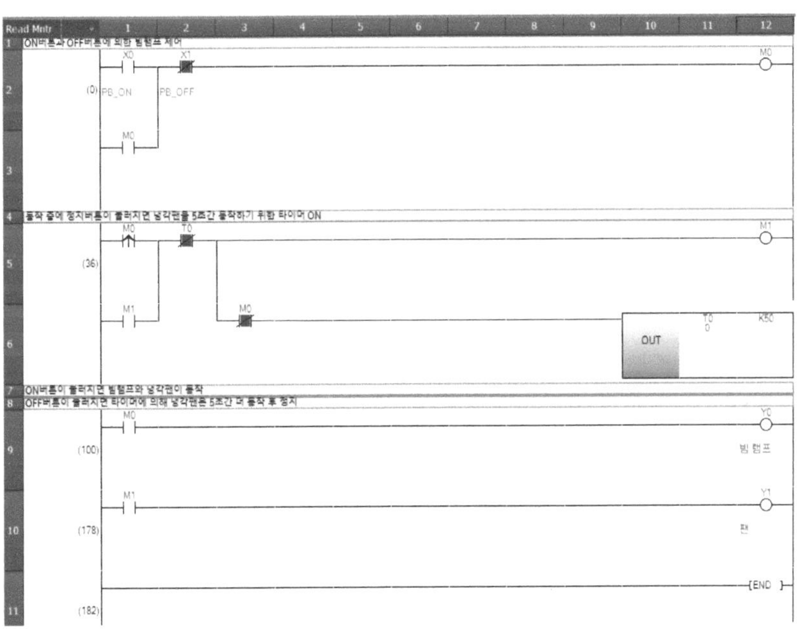

CHAPTER 03

4차 산업혁명 시대,
스마트공장 구축을 위한 스마트 제조 & 시퀀스 및 PLC 기초 실습

플리커 타이머를 이용한 빔 프로젝트 제어

빔 프로젝트 사용 중에 정지하면 빔 램프는 소등되어도 램프를 냉각시키는 팬은 일정 시간 더 동작한다. 이때 프로젝터의 전원을 내리면 기기에 무리가 갈 수 있으므로 냉각 팬이 가동 중임을 알려주기 위해 동작 표시등이 점멸하는 프로그램을 작성하자.

입력			출력		
주소	심벌	코멘트	주소	심벌	코멘트
X00		PB_ON	Y00		빔램프
X01		PB_OFF	Y01		팬
			Y02		동작 표시등

[동작 조건]

① 시작 버튼을 ON/OFF 하면 빔 램프와 냉각 팬의 동작을 알리는 동작 표시등이 점등하고, 냉각팬도 동작한다.

② 빔 프로젝트 동작 중에 정지 버튼을 ON/OFF 하면 빔 램프는 즉시 소등하고 냉각 팬은 5초 후에 정지한다.

③ 빔 램프가 정지하고 냉각 팬만 동작하는 동안에는 동작 표시등은 1초 간격으로 점멸(0.5초 ON, 0.5초 OFF)하고 냉각 팬이 정지하면 동작 표시등도 소등한다.

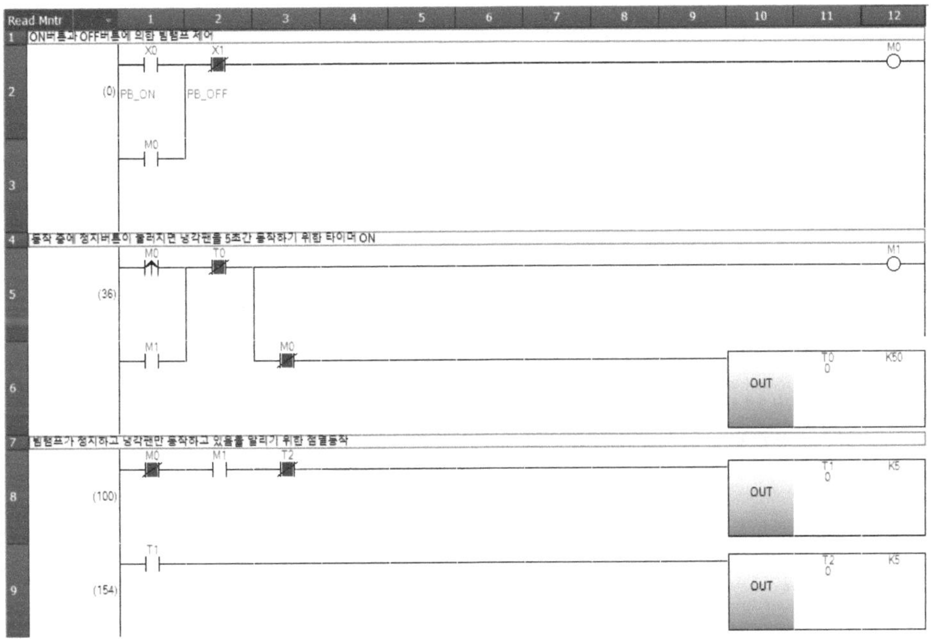

CHAPTER 04

4차 산업혁명 시대,
스마트공장 구축을 위한 스마트 제조 & 시퀀스 및 PLC 기초 실습

산술연산 명령어(덧셈)을 이용한 카운터 만들기

PLC 명령어 카운터를 대신하여 산술연산 명령어와 비교연산 명령어를 이용하여 카운터 기능을 구현할 수 있다.

입력			출력		
주소	심벌	코멘트	주소	심벌	코멘트
X0		입력 신호	Y03~Y00		FND
X1		PB_RST	Y10		램프

[동작 조건]

① PLC의 전원이 ON 되거나 CPU가 리셋되면 FND에는 "0"이 표시된다.

② 카운터 입력 신호가 ON 될 때마다 숫자가 1씩 증가한다. 현재값이 9일 때 입력 신호가 들어와도 숫자는 증가하지 않는다. 현재값이 5 이상이면 램프는 점등한다.

③ 리셋 버튼을 누르면 숫자는 "0"이 되고 램프는 소등한다.

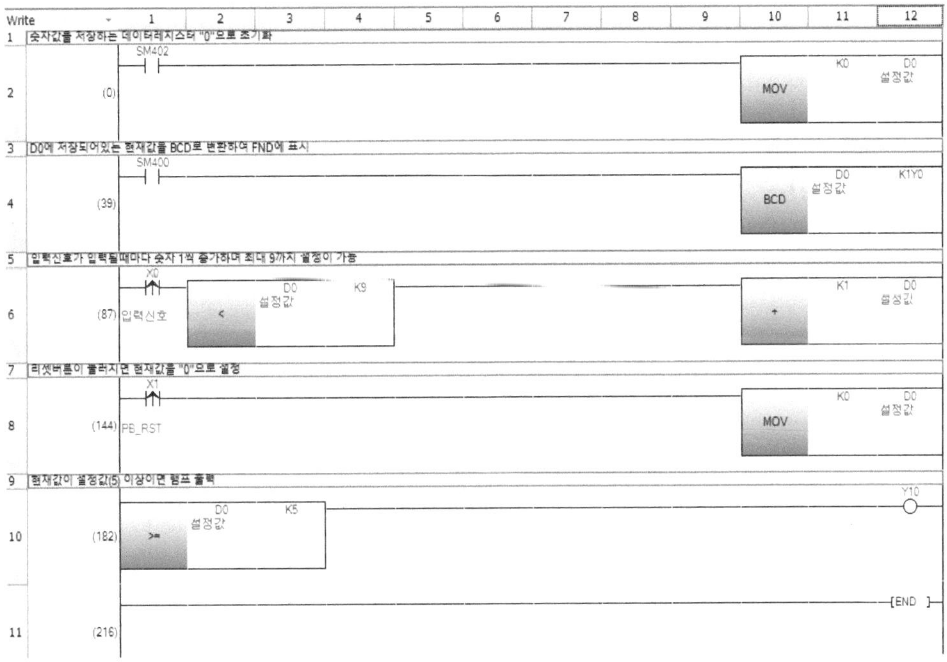

6번 라인을 보면 입력 신호가 들어올 때 바로 1을 더하지 않고 먼저 D0의 값이 9보다 작은지를 비교하고 있다. D0의 값이 9보다 작은 경우에만 1을 증가한다.

CHAPTER 05

4차 산업혁명 시대,
스마트공장 구축을 위한 스마트 제조 & 시퀀스 및 PLC 기초 실습

한 개의 FND를 이용한 숫자 표시

입력			출력		
주소	심벌	코멘트	주소	심벌	코멘트
X00		PB_UP	Y03~Y00		FND

[동작 조건]

① PLC의 전원이 ON 되거나 CPU가 리셋되면 FND에는 "0"이 표시된다.

② 증가 버튼을 누르면 누르는 순간 숫자가 1씩 증가한다. 단, 현재 숫자 값이 9일 때 증가 버튼을 누르면 0이 된다. (0 → 1 → 2 → 3 → 4 → 5 → 6 → 7 → 8 → 9 → 0…)

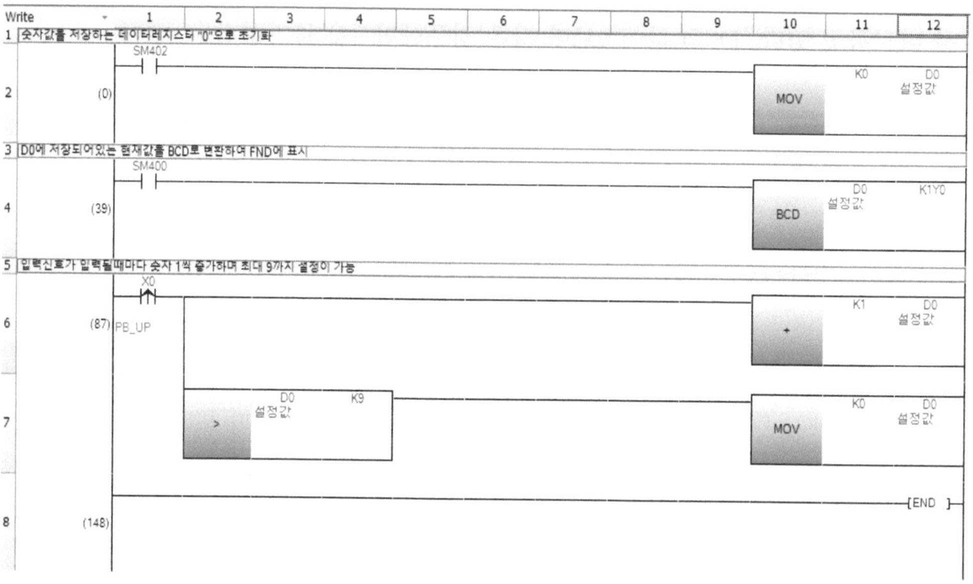

CHAPTER 06

4차 산업혁명 시대,
스마트공장 구축을 위한 스마트 제조 & 시퀀스 및 PLC 기초 실습

두 개의 FND를 이용한 숫자 표시

숫자를 증가시키는 조건으로 버튼을 누를 때와 또는 CPU에서 제공하는 특수 클럭 메모리를 활용하여 자동으로 증가시키는 프로그램을 작성해 보자.

입력			출력		
주소	심벌	코멘트	주소	심벌	코멘트
X00		PB_UP	Y03~Y00		일의자리 FND
			Y07~Y04		십의자리 FND

[동작 조건]

① PLC의 전원이 ON 되거나 CPU가 리셋되면 FND에는 "00" 이 표시된다.

② 증가 버튼을 누르면 누르는 순간 숫자가 1씩 증가한다. 증가 버튼을 1초 이상 누르고 있으면 1초 후에는 0.1초 간격으로 1씩 증가한다. 단, 현재 숫자 값이 99일 때는 증가 버튼을 누르거나 또는 타이머에 의해 0이 된다. (0 → 1 → 2 → 3 → … → 99 → 0 …)

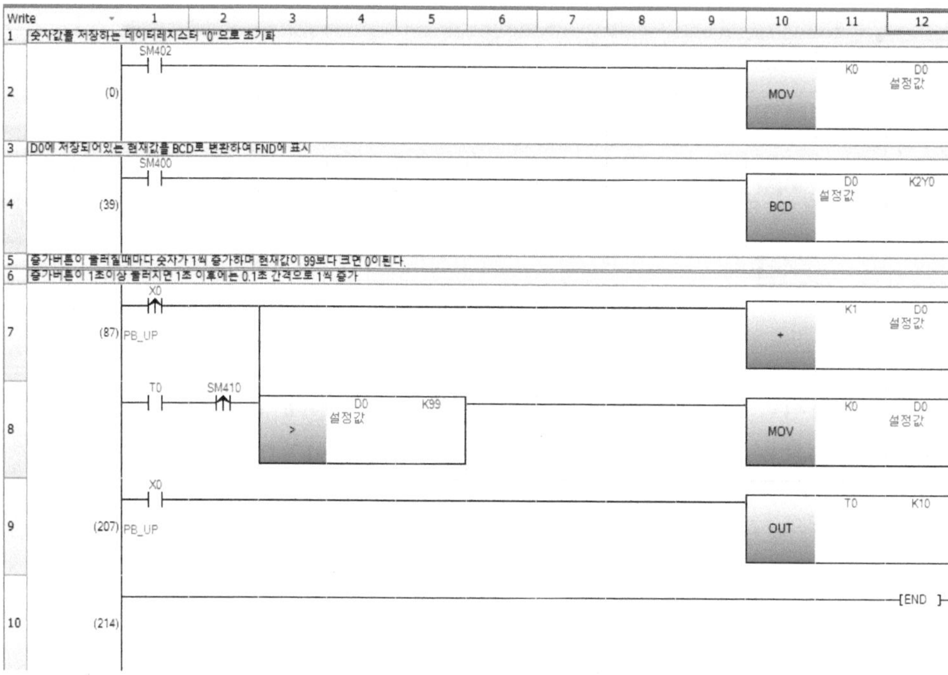

8번 라인을 보면 0.1초 클럭 특수 메모리인 SM410을 이용하여 숫자를 1씩 자동증가하고 있다.

CHAPTER 07

4차 산업혁명 시대,
스마트공장 구축을 위한 스마트 제조 & 시퀀스 및 PLC 기초 실습

세 개의 FND를 이용한 숫자 표시(SM409: 0.01초 클럭)

증가 버튼과 감소 버튼을 이용하여 숫자를 설정하는 프로그램을 작성해 보자.

입력			출력		
주소	심벌	코멘트	주소	심벌	코멘트
X00		PB_UP	Y03~Y00		일의 자리 FND
X01		PB_DN	Y07~Y04		십의 자리 FND
			Y13~Y10		백의 자리 FND

[동작 조건]

① PLC의 전원이 ON 되거나 CPU가 리셋되면 FND에는 "000"이 표시된다.

② 증가 버튼을 누르면 누르는 순간 숫자가 1씩 증가한다. 증가 버튼을 1초 이상 누르고 있으면 1초 후에는 0.01초 간격으로 1씩 증가한다. 단, 숫자는 999까지만 증가하고 더 이상 증가하지 않는다.

③ 감소 버튼을 누르면 누르는 순간 숫자가 1씩 감소한다. 감소 버튼을 1초 이상 누르고 있으면 1초 후에는 0.01초 간격으로 1씩 감소한다. 단, 숫자는 0까지만 감소하고 더 이상 감소하지 않는다.

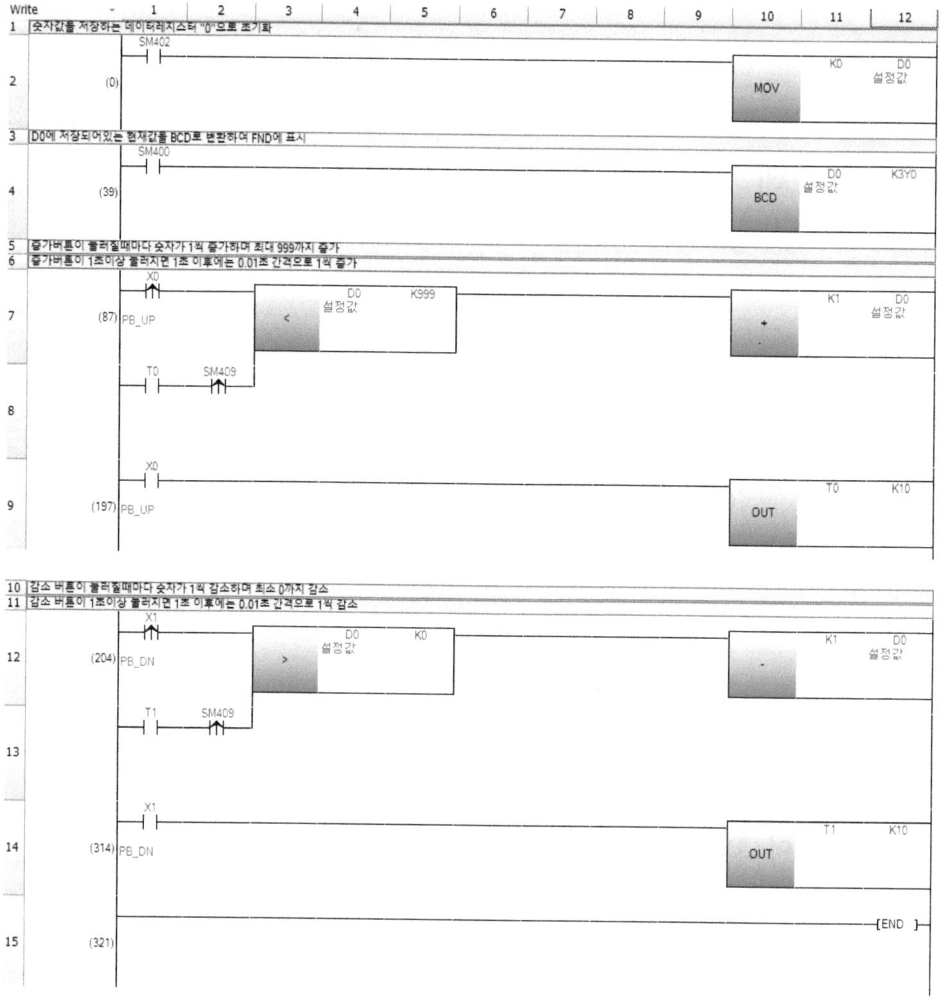
Write
1 숫자값을 저장하는 데이터레지스터 "0"으로 초기화
SM402
(0)
MOV
K0
D0
설정값
3 D0에 저장되어있는 현재값을 BCD로 변환하여 FND에 표시
SM400
(39)
BCD
D0
설정값
K3Y0
5 증가버튼이 눌러질때마다 숫자가 1씩 증가하며 최대 999까지 증가
6 증가버튼이 1초이상 눌러지면 1초 이후에는 0.01초 간격으로 1씩 증가
X0
(87) PB_UP
<
D0
설정값
K999
+
K1
D0
설정값
T0
SM409
X0
(197) PB_UP
OUT
T0
K10
10 감소 버튼이 눌러질때마다 숫자가 1씩 감소하며 최소 0까지 감소
11 감소 버튼이 1초이상 눌러지면 1초 이후에는 0.01초 간격으로 1씩 감소
X1
(204) PB_DN
>
D0
설정값
K0
-
K1
D0
설정값
T1
SM409
X1
(314) PB_DN
OUT
T1
K10
(321)
END

CHAPTER 08

4차 산업혁명 시대,
스마트공장 구축을 위한 스마트 제조 & 시퀀스 및 PLC 기초 실습

네 개의 FND를 이용한 숫자 표시

입력			출력		
주소	심벌	코멘트	주소	심벌	코멘트
X00		PB_UP	Y03~Y00		일의 자리 FND
X01		PB_DN	Y07~Y04		십의 자리 FND
			Y13~Y10		백의 자리 FND
			Y17~Y14		천의 자리 FND

[동작 조건]

① PLC의 전원이 ON 되거나 CPU가 리셋되면 FND에는 "0000"이 표시된다.

② 증가 버튼을 누르면 누르는 순간 숫자가 1씩 증가한다. 증가 버튼을 1.5초 이상 누르고 있으면 1.5초 후에는 0.1초 간격으로 1씩 증가한다. 단, 숫자는 9999까지만 증가하고 더 이상 증가하지 않는다.

③ 감소 버튼을 누르면 누르는 순간 숫자가 1씩 감소한다. 감소 버튼을 1.5초 이상 누르고 있으면 1.5초 후에는 0.1초 간격으로 1씩 감소한다. 단, 숫자는 0까지만 감소하고 더 이상 감소하지 않는다.

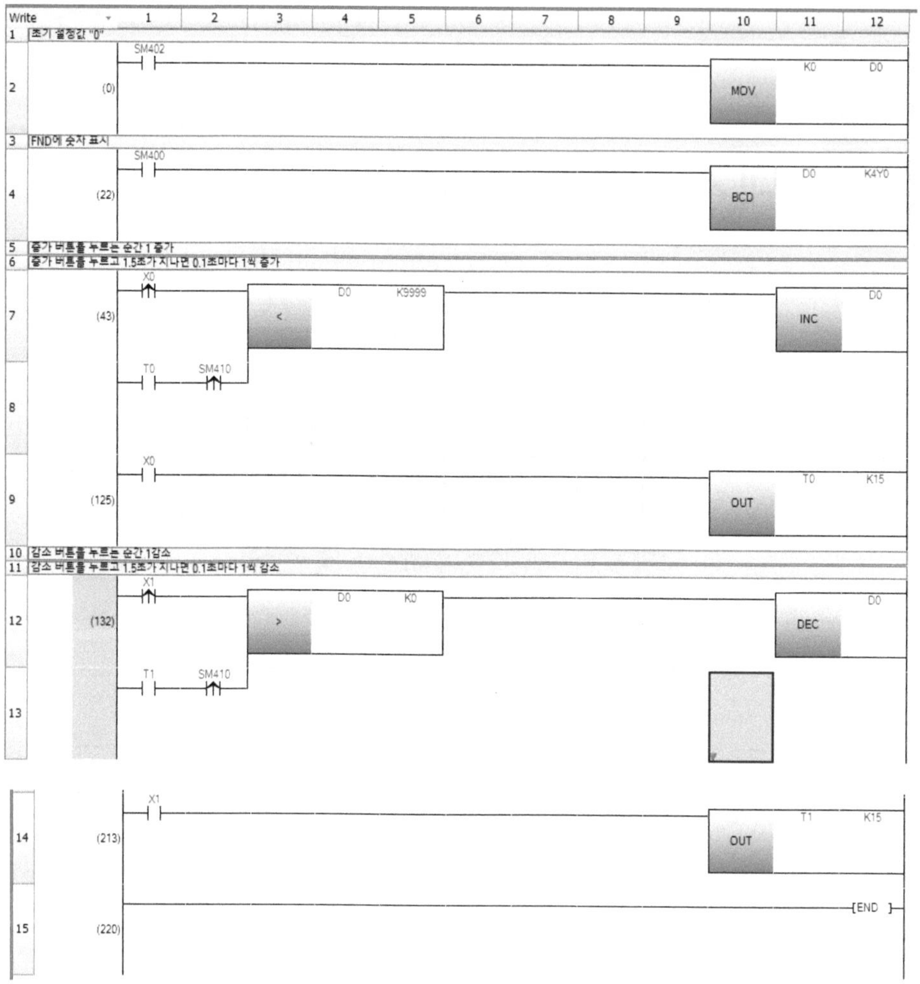

Write
초기 설정값 "0"
SM402
(0)
MOV
K0
D0
FND에 숫자 표시
SM400
(22)
BCD
D0
K4Y0
증가 버튼을 누르는 순간 1 증가
증가 버튼을 누르고 1.5초가 지나면 0.1초마다 1씩 증가
X0
(43)
<
D0
K9999
INC
D0
T0
SM410
X0
(125)
OUT
T0
K15
감소 버튼을 누르는 순간 1감소
감소 버튼을 누르고 1.5초가 지나면 0.1초마다 1씩 감소
X1
(132)
>
D0
K0
DEC
D0
T1
SM410
X1
(213)
OUT
T1
K15
(220)
END

CHAPTER 09

4차 산업혁명 시대,
스마트공장 구축을 위한 스마트 제조 & 시퀀스 및 PLC 기초 실습

네 개의 FND를 이용한 숫자 표시(나눗셈 명령어 사용)

위 예제에서 숫자 값을 FND에 나타낼 때 BCD 명령어를 사용하였다. 이제는 BCD 명령어를 사용하지 않고 나눗셈 명령어를 이용하여 나타내는 프로그램을 작성해 보자.

입출력 리스트와 동작 조건은 동일하다.

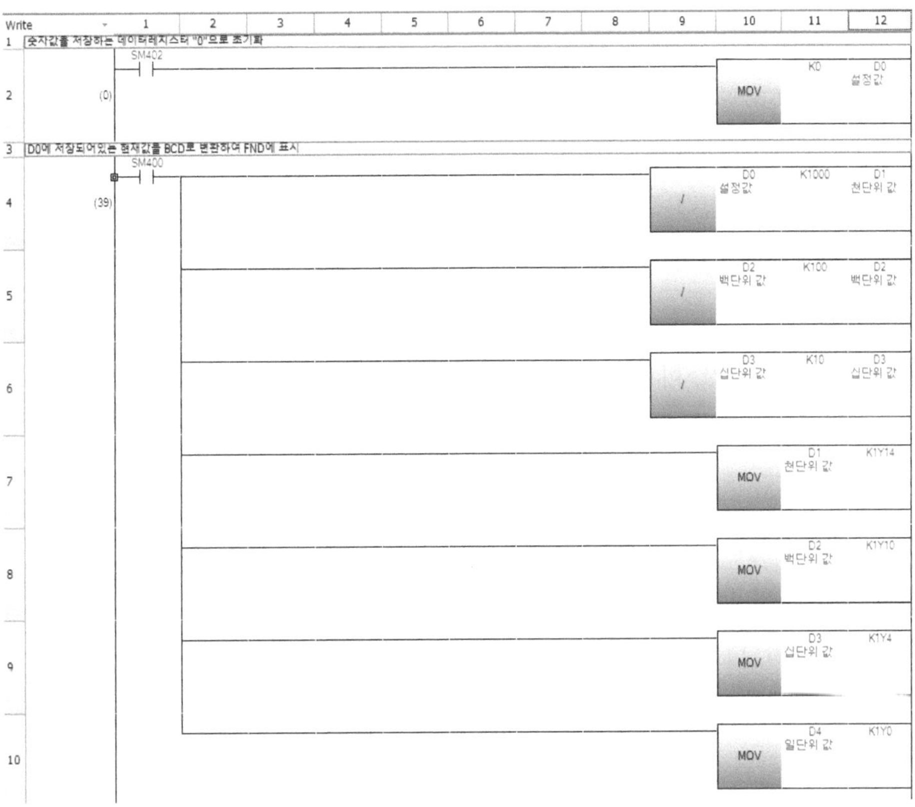

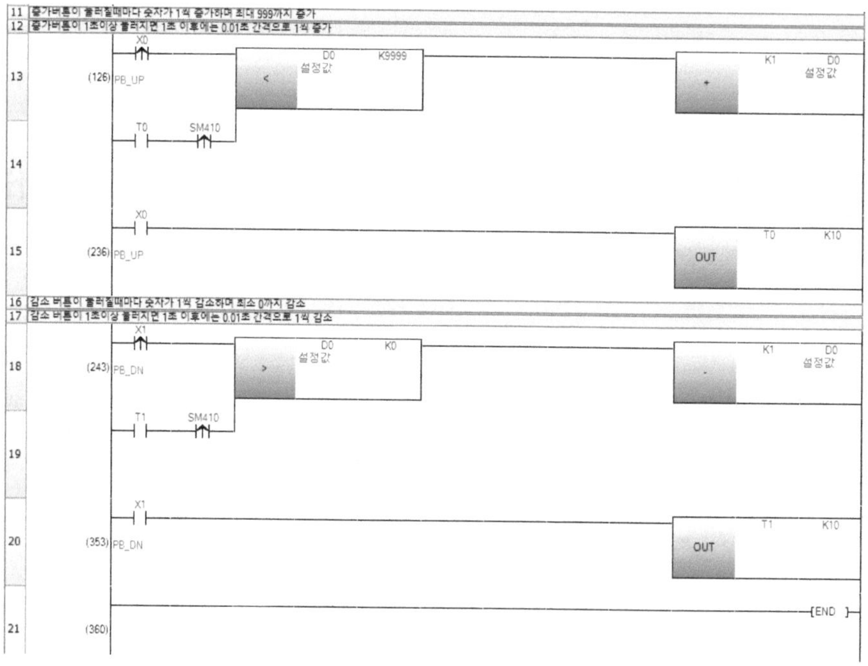

4번 라인은 나눗셈 명령에 의해 D0의 값이 십진상수 1000으로 나누어진다.

예를 들어 D0의 값이 2584이라면 몫은 2가 되어 D1에 저장되며, 나머지 값 584는 D2에 저장된다.

2584 ÷ 1000 = 몫(2), 나머지(584)

5번 라인은 D2의 값(584)을 십진상수 100으로 나누기한다.

584 ÷ 100 = 몫(5), 나머지(84)

나누기 명령의 실행 결과로 몫(5)을 D2에 저장하고 나머지(84)가 D3에 저장된다.

6번 라인은 D3의 값(84)을 십진상수 10으로 나누기한다.

84 ÷ 10 = 몫(8), 나머지(4)

나누기 명령의 실행 결과로 몫(8)은 D3에 저장되고, 나머지(4)는 D4에 저장된다.

7번부터 10번 라인은 각 자릿수의 값을 FND의 각 자리에 표현하기 위해 전송하는 명령이다.

각 자리의 값은 0부터 9까지의 값을 가지므로 Binary 데이터나 BCD 코드가 동일하므로 BCD 명령을 사용하지 않고 MOV 명령을 사용하였다.

CHAPTER 10

4차 산업혁명 시대,
스마트공장 구축을 위한 스마트 제조 & 시퀀스 및 PLC 기초 실습

네 개의 FND를 이용한 숫자 표시(/, SFL, WOR 명령어 사용)

위 예제에서는 나눗셈 명령어를 사용하여 각 자리(천, 백, 십, 일의 자리)의 값을 구한 후 MOV 명령어를 사용하여 FND에 출력하였다. 이번에는 비트 이동 명령어와 논리연산 명령어를 사용하여 FND에 출력하는 프로그램을 작성해 보자.

이전의 프로그램에서 FND에 표시하는 부분만 수정하면 된다.

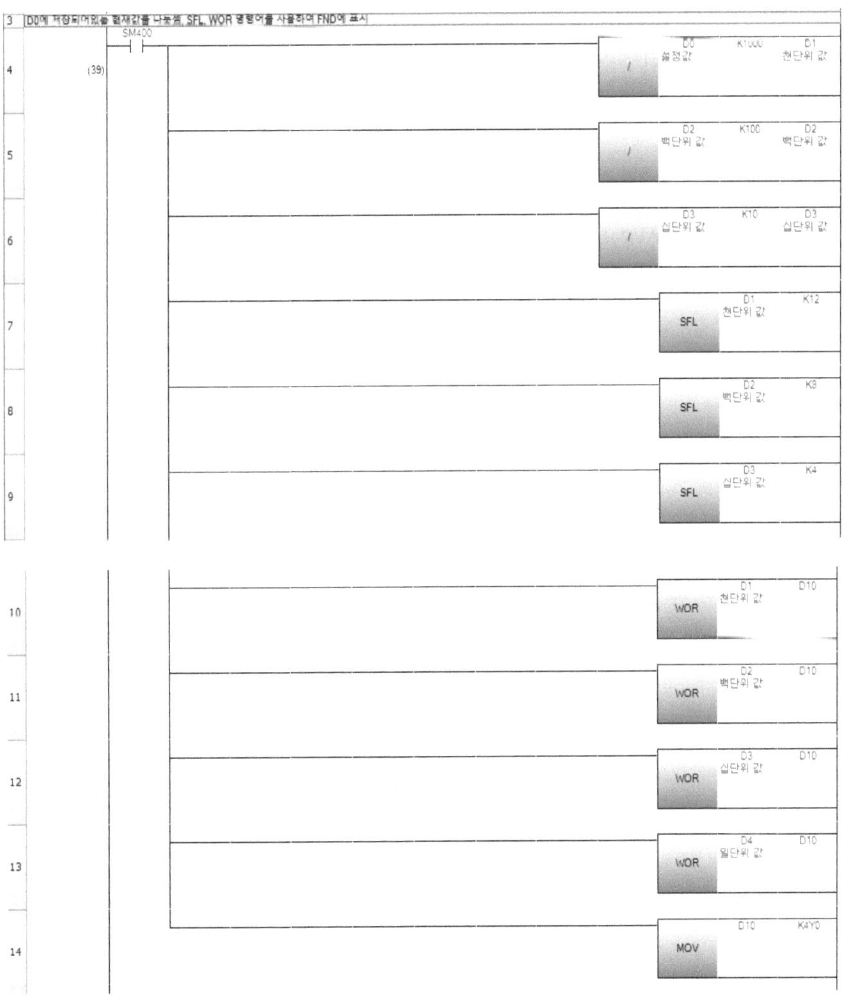

4번~6번 라인은 각 자리(일, 십, 백, 천)의 값을 구하기 위해 나누기 명령을 한 프로그램이다.

7번~9번 라인은 좌측 이동 명령어(SFL)을 사용하여 FND의 각 자리에 맞도록 이동하는 프로그램이다. 예를 들어 D0의 정수 데이터가 5678이면 나누기 명령을 통해

D1(천의 자리): 5 / D2(백의 자리): 6

D3(십의 자리): 7 / D4(일의 자리): 8 이 된다.

SFL 명령에 의해 아래의 그림과 같이 각 데이터 레지스터에 값이 저장된다.

Device Na	D	C	B	A	9	8	7	6	5	4	3	2	1	0	Current Value
D0	0	1	0	1	1	0	0	0	1	0	1	1	1	0	5678
D1	0	1	0	0	0	0	0	0	0	0	0	0	0	0	20480
D2	0	0	0	1	1	0	0	0	0	0	0	0	0	0	1536
D3	0	0	0	0	0	0	0	1	1	1	0	0	0	0	112
D4	0	0	0	0	0	0	0	0	0	0	1	0	0	0	8

10번~13번 라인은 논리연산 명령어 WOR 실행을 통해 D10에는 그림과 같이 저장된다.

Device Na	D	C	B	A	9	8	7	6	5	4	3	2	1	0	Current Value
D10	0	1	0	1	1	0	0	1	1	1	1	0	0	0	22136

라인 14번은 MOV 명령으로 FND로 전송하는 프로그램이다. 실행의 결과로 FND(Y17~Y00)에는 그림과 같이 BCD 명령어를 실행한 것과 똑같은 출력이 나타난다.

Device Na	7	6	5	4	3	2	1	0
Y0	0	1	1	1	1	0	0	0
Y10	0	1	0	1	0	1	1	0

CHAPTER 11

4차 산업혁명 시대,
스마트공장 구축을 위한 스마트 제조 & 시퀀스 및 PLC 기초 실습

네 개의 FND를 이용한 숫자 표시(/, XCH 명령어 사용)

16비트 바이너리 데이터를 교환하는 명령어(XCH)를 사용하여 프로그램을 작성하여 FND에 출력하는 프로그램을 작성해 보자.

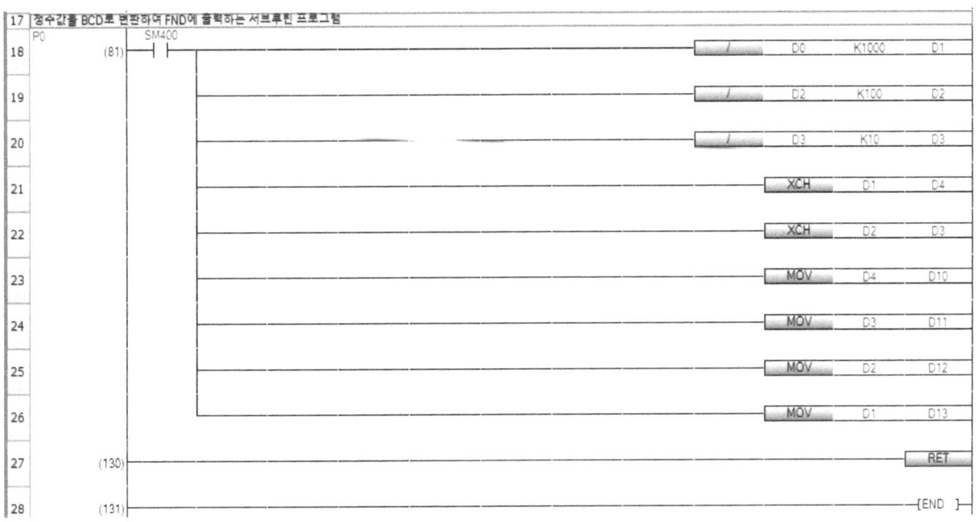

● XCH(P) 명령어

XCH(P) 명령어는 16비트 바이너리 데이터를 교환하는 명령어이다.

Ladder diagram	Structured text
(d1) (d2)	ENO:=XCH(EN,d1,d2); ENO:=XCHP(EN,d1,d2);

XCH(P) 명령어가 실행되면 D1과 D2의 데이터가 서로 교환된다.

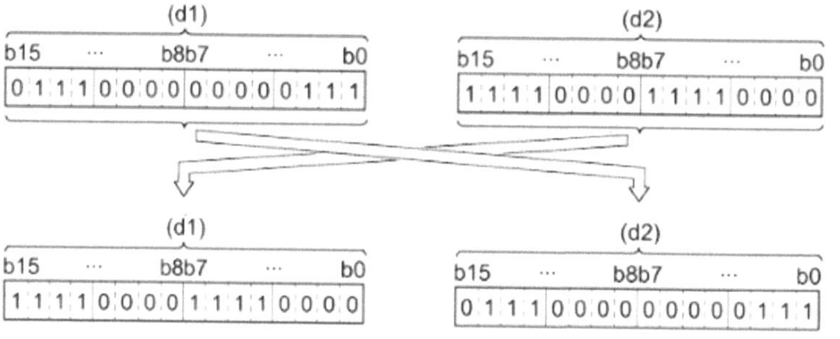

XCH 명령어 실행 결과

CHAPTER 12

4차 산업혁명 시대,
스마트공장 구축을 위한 스마트 제조 & 시퀀스 및 PLC 기초 실습

네 개의 FND를 이용한 숫자 표시 // NEG 명령어(음수 ↔ 양수)

입력			출력		
주소	심벌	코멘트	주소	심벌	코멘트
X00		PB_UP	Y03~Y00		일의 자리 FND
X01		PB_DN	Y07~Y04		십의 자리 FND
			Y13~Y10		백의 자리 FND
			Y17~Y14		천의 자리 FND
			M100(Y20)		– 부호

[동작 조건]

① PLC의 전원이 ON 되거나 CPU가 리셋되면 FND에는 "0000" 이 표시된다.

② 증가 버튼을 누르면 누르는 순간 숫자가 1씩 증가한다. 증가 버튼을 1.5초 이상 누르고 있으면 1.5초 후에는 0.01초 간격으로 1씩 증가한다. 단, 숫자는 9999까지만 증가하고 더 이상 증가하지 않는다.

③ 감소 버튼을 누르면 누르는 순간 숫자가 1씩 감소한다. 감소 버튼을 1.5초 이상 누르고 있으면 1.5초 후에는 0.01초 간격으로 1씩 감소한다. 단, 숫자는 −9999까지만 감소하고 더 이상 감소하지 않는다.

※ BIN 값을 BCD로 변환하는 BCD 명령어는 BIN 값이 음수인 경우 명령어가 실행되면 명령어 에러(에러 코드 4100)가 발생한다. 명령어 에러가 발생하면 CPU의 에러 램프가 점등한다.

명령어 "NEG"는 음수는 양수로, 양수는 음수로 변환해 주는 명령어이다.

Device Na	F	E	D	C	B	A	9	8	7	6	5	4	3	2	1	0	Current Value
D0	1	1	1	1	1	1	1	1	1	1	1	1	1	1	0	1	-3
D1	0	0	0	0	0	0	0	0	0	0	0	0	0	0	1	1	3

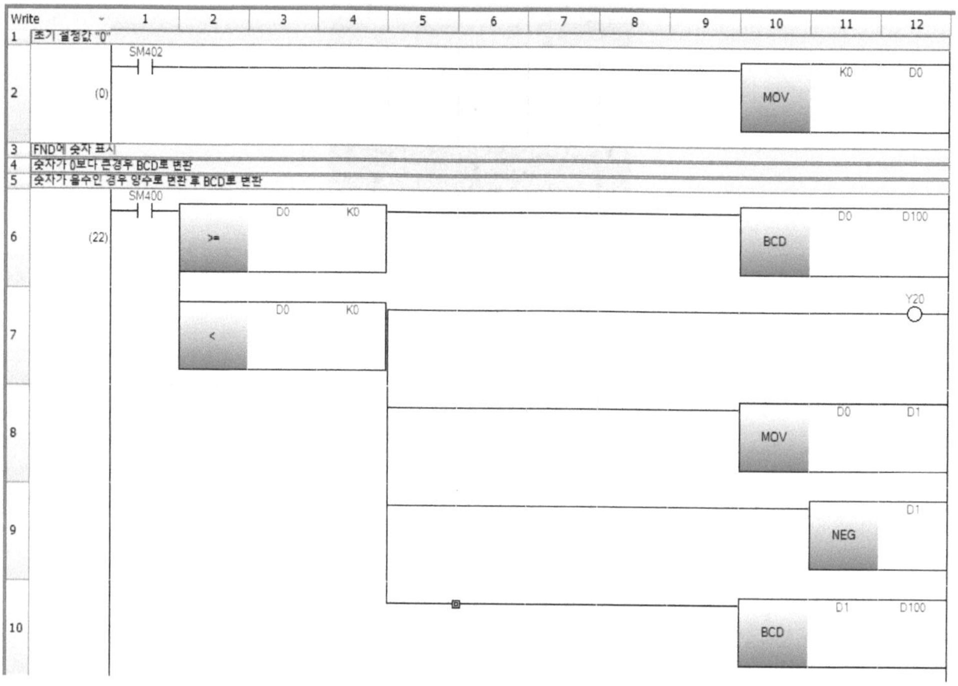

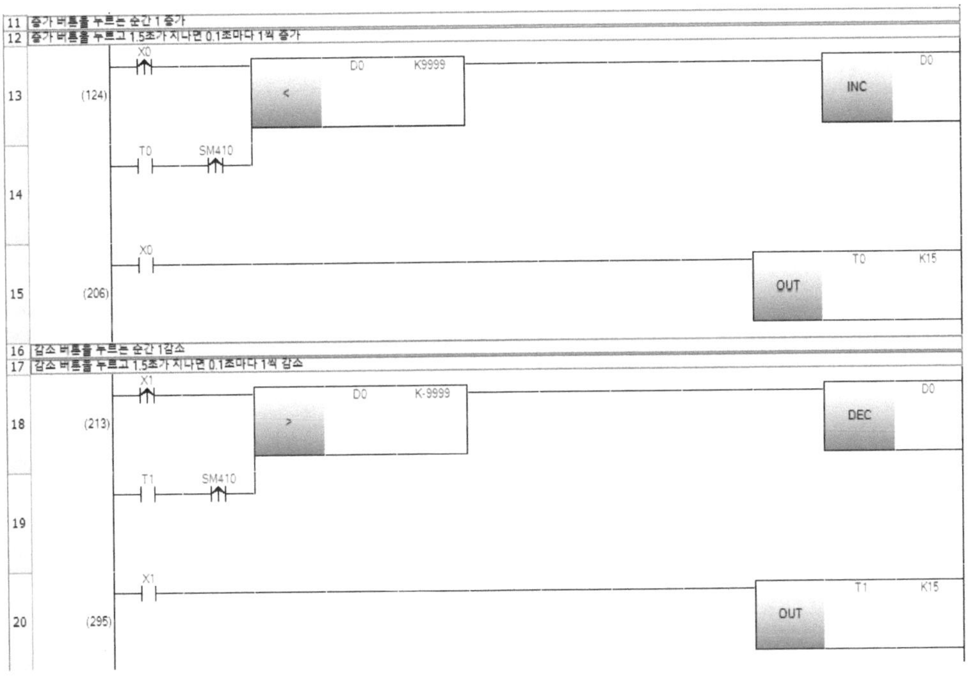

D0의 값은 양수일 수도 있고 음수일 수도 있으므로 조건을 나누어 프로그램을 작성하여야 한다.

6번 라인을 보면 D0의 값이 0보다 크거나 같으면 BCD로 변환하여 D100에 전송하는 프로그램이다.

7번 라인은 D0의 값이 음수인 경우 마이너스(−) 부호를 표시하기 위해 Y20을 ON 한다.

8번 라인은 D0의 데이터를 보전하기 위해 D1으로 전송하는 프로그램이다.

9번 라인은 음수를 BCD로 변환하면 에러가 발생하므로 NEG 명령을 실행하여 양수로 변환시키는 프로그램이다.

CHAPTER 13

4차 산업혁명 시대,
스마트공장 구축을 위한 스마트 제조 & 시퀀스 및 PLC 기초 실습

특수 릴레이를 이용한 타이머 만들기 // 9(분)59(초)9(0.1초)

입력			출력		
주소	심벌	코멘트	주소	심벌	코멘트
X00		시작 버튼	Y17~Y00	FND	FND
X01		정지 버튼			

[동작 조건]

① PLC의 전원이 ON 되거나 CPU가 리셋되면 FND에는 "0000" 이 표시된다.

② 시작 버튼을 ON/OFF 하면 0.1초 단위로 시간이 증가한다. 이때 시간값이 FND에 표시된다.

③ 정지 버튼을 ON/OFF 하면 시간의 증가 동작을 중지한다.

④ 정지 중에 시작 버튼을 ON/OFF 하면 현재 시간부터 연속되어 증가한다. 타이머가 9분 59.9초 다음에는 0분 0초부터 다시 시작한다.

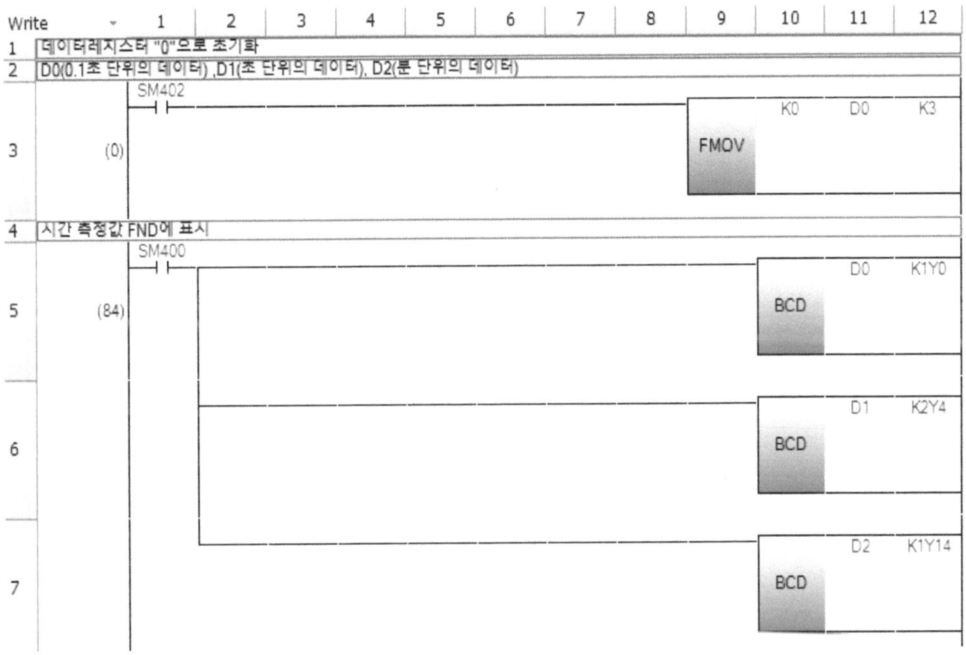

3번 라인은 분, 초 그리고 0.1초 단위의 데이터를 저장하는 각 레지스터를 FMOV 명령어를 사용하여 초깃값 0으로 설정하는 프로그램이다.

0.1초 단위 데이터 → D0

1초 단위 데이터 → D1

1분 단위 데이터 → D2

5~7번 라인은 각 단위의 값을 BCD 코드로 변환하여 FND에 전송하는 프로그램이다.

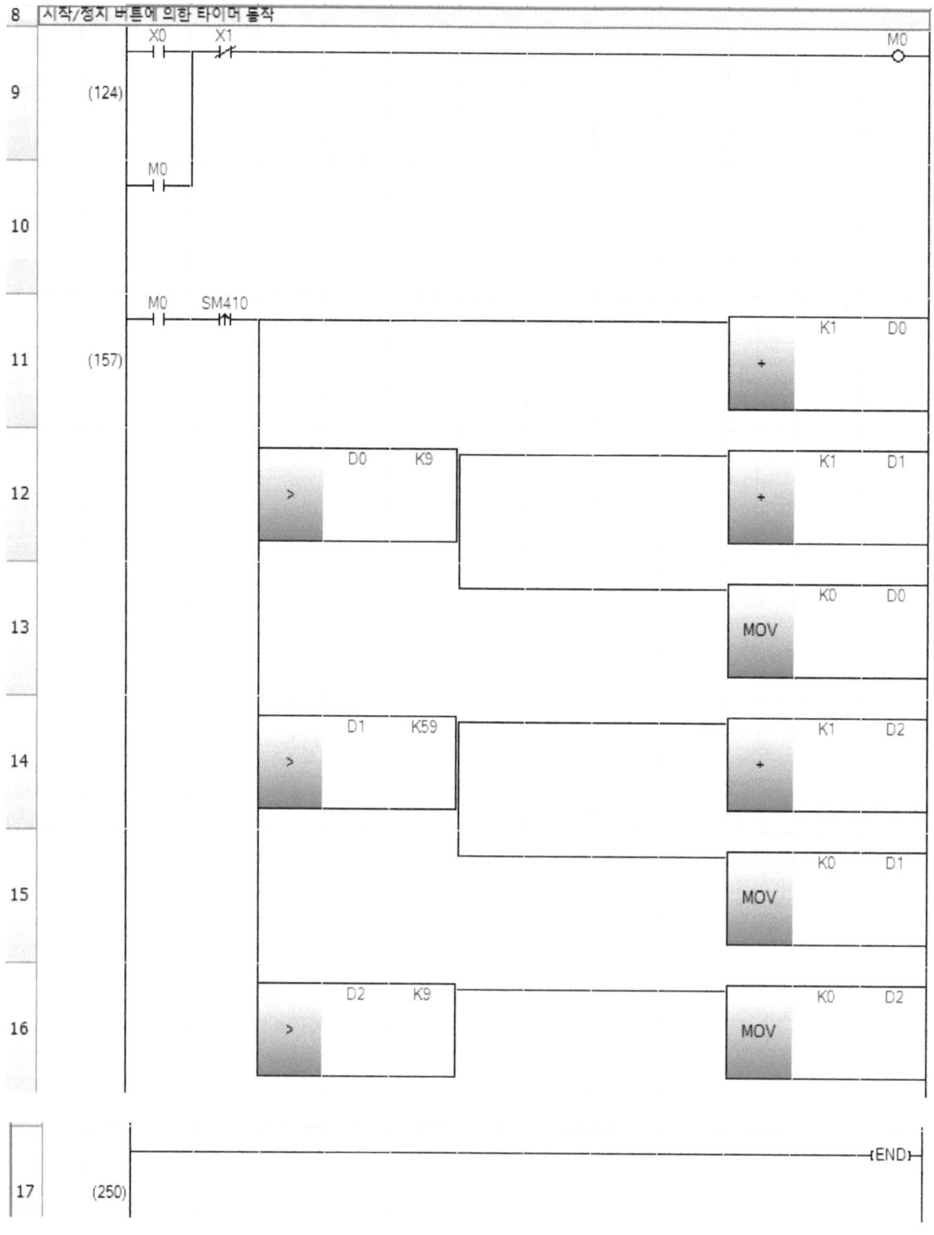

11번 라인은 타이머가 동작하면 클럭 메모리 SM410을 이용해 0.1초마다 1씩 D0의 값을 증가하는 프로그램이다.

12, 13번 라인은 0.1초 단위의 데이터를 저장하는 D0의 값이 9보다 크면 1초 단위의 값을 저장하는 D1의 값을 1 증가시키고 D0의 값은 0으로 초기화하는 프로그램이다.

14. 15번 라인은 1초 단위의 데이터를 저장하는 D1의 값이 59보다 크면 1분 단위의 값을 저장하는 D2의 값을 1 증가시키고 D1의 값은 0으로 초기화하는 프로그램이다.

16번 라인은 1분 단위의 데이터를 저장하는 D2의 데이터가 9보다 크면 0으로 초기화하는 프로그램이다.

타이머의 현재값이 1분 17초 6(0.1초)라면 D0~D2에는 Binary 값으로 저장된다.

Device Na	F	E	D	C	B	A	9	8	7	6	5	4	3	2	1	0	Current Value
D0	0	0	0	0	0	0	0	0	0	0	0	0	0	1	1	0	6
D1	0	0	0	0	0	0	0	0	0	0	0	1	0	0	0	1	17
D2	0	0	0	0	0	0	0	0	0	0	0	0	0	0	0	1	1

각 자리의 정수 데이터를 BCD 코드로 변환하면 다음과 같이 변환되어 저장된다.

Device Na	7	6	5	4	3	2	1	0
Y0	0	1	1	1	0	1	1	0
Y10	0	0	0	1	0	0	0	1

CHAPTER 14

4차 산업혁명 시대,
스마트공장 구축을 위한 스마트 제조 & 시퀀스 및 PLC 기초 실습

스톱워치 만들기(SM409: 0.01초 클럭) //00.00~59.99초

육상 경기 등 시간 기록으로 순위를 결정하기 위해 스톱워치 등이 사용된다. 이번 예제는 100분의 1초 단위로 계측이 가능한 스톱워치를 구현해 보자. 스톱워치의 최댓값은 59.99초이다.

입력			출력		
주소	심벌	코멘트	주소	심벌	코멘트
X00		시작/정지 버튼	Y17~Y00		FND
X01		리셋 버튼			

[동작 조건]

① PLC의 전원이 ON 되거나 CPU가 리셋되면 FND에는 "0000"이 표시된다.

② 시작/정지 버튼을 ON/OFF 하면 0.01초 단위로 시간이 증가한다. 이때 시간값이 FND에 표시된다. 59.99초 이후에는 0초부터 다시 증가한다.

③ 타이머 동작 중에 시작/정지 버튼을 다시 ON/OFF 하면 시간의 증가 동작을 중지한다.

④ 정지 중에 시작/정지 버튼을 ON/OFF 하면 현재 시간부터 연속되어 증가한다.

⑤ 정지 상태에서 리셋 버튼을 ON/OFF 하면 시간 표시가 "0000"으로 초기화된다. 단, 시간이 계측되고 있는 동안에는 리셋 버튼을 눌러도 초기화되지 않는다.

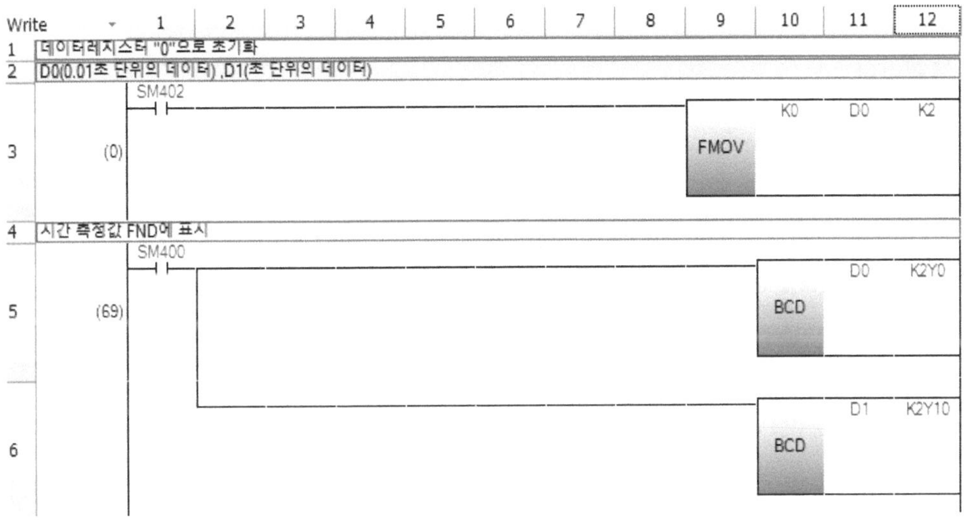
데이터레지스터 "0"으로 초기화
D0(0.01초 단위의 데이터),D1(초 단위의 데이터)
SM402
FMOV K0 D0 K2
시간 측정값 FND에 표시
SM400
BCD D0 K2Y0
BCD D1 K2Y10

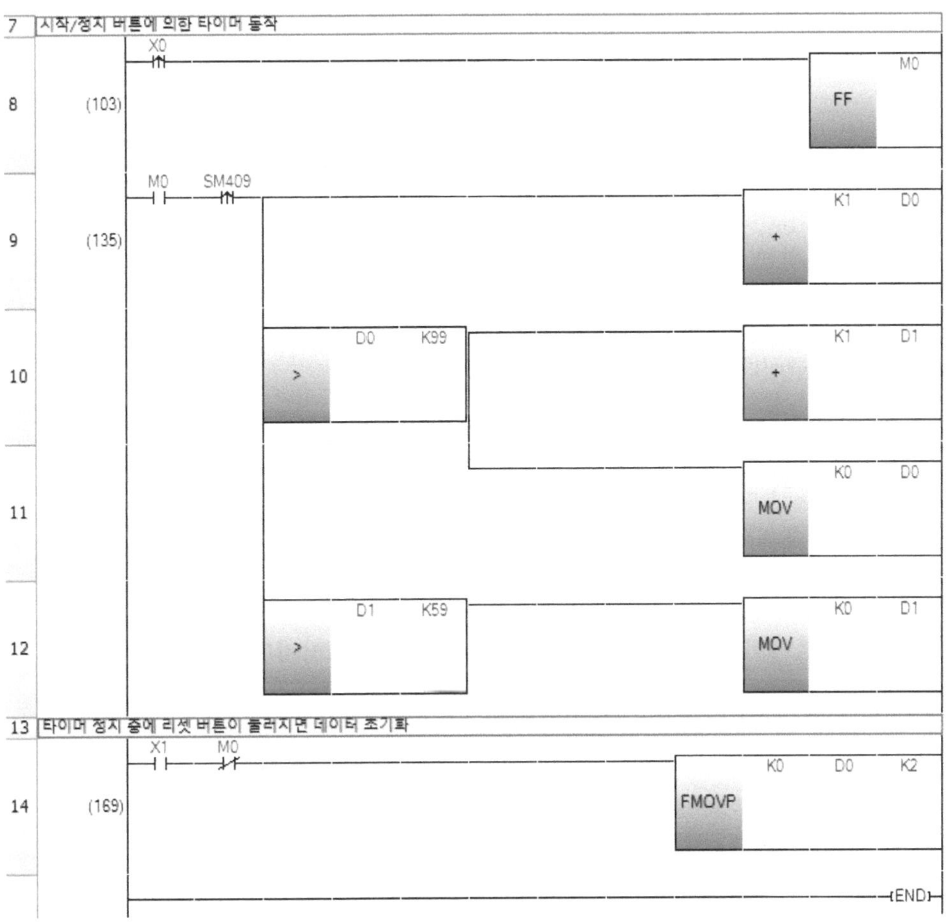
시작/정지 버튼에 의한 타이머 동작
X0
FF M0
M0 SM409
+ K1 D0
> D0 K99
+ K1 D1
MOV K0 D0
> D1 K59
MOV K0 D1
타이머 정지 중에 리셋 버튼이 눌러지면 데이터 초기화
X1 M0
FMOVP K0 D0 K2
END

3번 라인은 1초와 0.01초 단위의 데이터를 저장하는 레지스터를 초깃값 0으로 설정하는 프로그램이다.

0.01초 단위 데이터 → D0

1초 단위 데이터 → D1

Device Na	F	E	D	C	B	A	9	8	7	6	5	4	3	2	1	0	Current Value
D0	0	0	0	0	0	0	0	0	0	0	0	1	1	1	1	0	30
D1	0	0	0	0	0	0	0	0	0	0	0	0	1	1	0	0	12

5~6번 라인은 각 단위의 값을 BCD 코드로 변환하여 FND에 전송하는 프로그램이다.

Device Na	7	6	5	4	3	2	1	0
Y0	0	0	1	1	0	0	0	0
Y10	0	0	0	1	0	0	1	0

8번 라인은 비트 반전 명령어 "FF"를 사용하여 시작/정지 버튼이 눌러질 때마다 실행과 정지를 반복하게 하는 프로그램이다.

9번 라인은 타이머가 동작하면 클럭 메모리 SM409을 이용해 0.01초마다 1씩 D0의 값을 증가하는 프로그램이다.

10, 11번 라인은 0.01초 단위의 데이터를 저장하는 D0의 값이 99보다 크면 1초 단위의 값을 저장하는 D1의 값을 1 증가시키고 D0의 값은 0으로 초기화하는 프로그램이다.

12번 라인은 1초 단위의 데이터를 저장하는 D1의 값이 59보다 크면 0으로 초기화하는 프로그램이다.

14번 라인은 타이머가 정지 중에만 리셋 버튼(X1)이 눌러지면 모든 데이터를 초기화하는 프로그램이다.

CHAPTER 15

4차 산업혁명 시대,
스마트공장 구축을 위한 스마트 제조 & 시퀀스 및 PLC 기초 실습

나눗셈 연산을 이용한 스톱워치 만들기 (SM409: 0.01초 클럭)

앞 예제에서는 0.01초와 1초 단위의 데이터를 저장하는 레지스터를 구분하여 사용하였다. 이번에는 하나의 레지스터에 데이터를 저장하고 그 데이터를 나눗셈 명령어를 사용하여 FND에 표현하는 프로그램을 작성해 보자.

입력			출력		
주소	심벌	코멘트	주소	심벌	코멘트
X00	ON/OFF	시작/정지 버튼	Y17~Y00	FND	시간 표시
X01	RST	리셋 버튼			

[동작 조건]

① PLC의 전원이 ON 되거나 CPU가 리셋되면 FND에는 "0000" 이 표시된다.

② 시작/정지 버튼을 ON/OFF 하면 0.01초 단위로 시간이 증가한다. 이때 시간값이 FND에 표시된다. 59.99초 이후에는 0초부터 다시 증가한다.

③ 타이머 동작 중에 시작/정지 버튼을 다시 ON/OFF 하면 시간의 증가 동작을 중지한다.

④ 정지 중에 시작/정지 버튼을 ON/OFF 하면 현재 시간부터 연속되어 증가한다.

⑤ 정지 상태에서 리셋 버튼을 ON/OFF 하면 시간 표시가 "0000" 으로 초기화된다. 단, 시간이 계측되고 있는 동안에는 리셋 버튼을 눌러도 초기화되지 않는다.

예를 들어 0.01초 단위로 계측한 값이 1139(D0)라면 초 단위의 값은 11(D1)이며, 0.01초 단위의 값은 39(D2)이다.

2 [Device/Buffer Memory Batch Monitor] Monitoring

◉ Device Name D0 Detailed Conditions

○ Buffer Memory Intelligent Module No.(U) (HEX) Address DEC

Device Na	F	E	D	C	B	A	9	8	7	6	5	4	3	2	1	0	Current Value
D0	0	0	0	0	0	1	0	0	0	1	1	1	0	0	1	1	1139
D1	0	0	0	0	0	0	0	0	0	0	0	0	1	0	1	1	11
D2	0	0	0	0	0	0	0	0	0	0	1	0	0	1	1	1	39

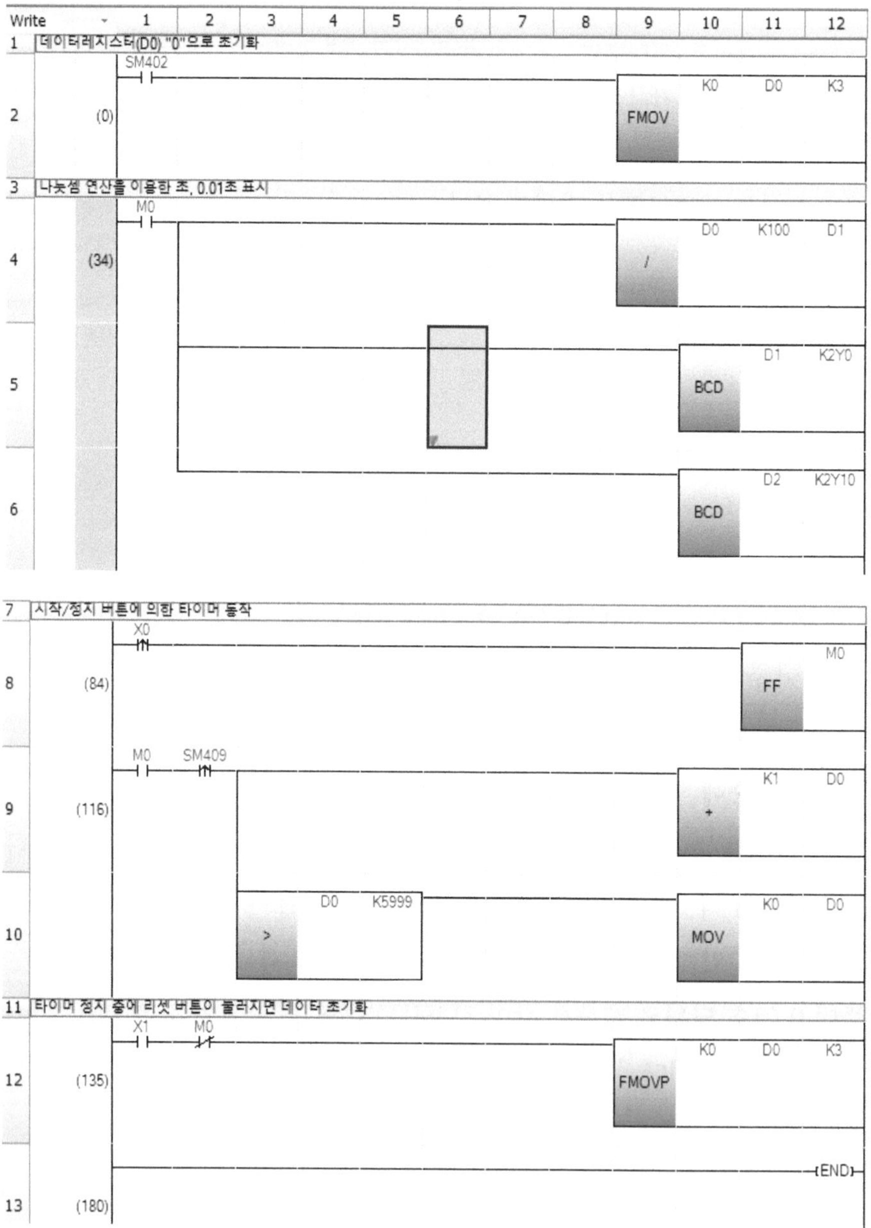

2번 라인은 0.01초 단위로 계측된 시간값을 저장하는 레지스터(D0)와 1초 단위의 데이터(D1) 그리고 0.01초 단위의 데이터(D2)를 저장하는 레지스터를 초깃값 0으로 설정하는 프로그램이다.

D0: 0.01초 단위로 계측된 시간값 / D1: 초 단위의 시간값

D2: 0.01초 단위의 시간값

4번 라인은 0.01초 단위로 계측된 시간값이 저장되어 있는 D0을 십진상수 100으로 나누어 몫(1초 단위의 값)은 D1에 저장하고, 나머지(0.01초 단위의 값)은 D2에 저장하는 프로그램이다.

5, 6번 라인은 각 단위의 값을 BCD 코드로 변환하여 FND에 전송하는 프로그램이다.

8번 라인은 비트 반전 명령어 "FF"를 사용하여 시작/정지 버튼이 눌러질 때마다 실행과 정지를 반복하게 하는 프로그램이다.

9, 10번 라인은 타이머가 동작하면 클럭 메모리 SM409을 이용해 0.01초마다 1씩 D0의 값을 증가하여, D0의 값이 5999보다 크면 D0의 값을 0으로 초기화하는 프로그램이다. 왜 5999를 비교 값으로 했는지 생각해 보자. 59.99초를 0.01초 단위로 환산하면 5999가 된다.

59초 = 59×100 (0.01초) = 5900 (0.01초), 0.99초 = 99 (0.01초)

59.99초 = 5900 + 99 = 5999 (0.01초)

12번 라인은 타이머가 정지 중에만 리셋 버튼(X1)이 눌러지면 모든 데이터를 초기화하는 프로그램이다.

CHAPTER 16

4차 산업혁명 시대,
스마트공장 구축을 위한 스마트 제조 & 시퀀스 및 PLC 기초 실습

나눗셈 연산을 이용한 스톱워치 만들기 [9분 59초 9(0.1초)]

10분의 1초 단위로 계측이 가능한 스톱워치를 구현해 보자. 최대 계측 시간은 9분 59초 9(0.1초)이다.

입력			출력		
주소	심벌	코멘트	주소	심벌	코멘트
X00		시작/정지 버튼	Y17~Y00		FND
X01		리셋 버튼			

[동작 조건]

① PLC의 전원이 ON 되거나 CPU가 리셋되면 FND에는 "0000" 이 표시된다.

② 시작/정지 버튼을 ON/OFF 하면 0.1초 단위로 시간이 증가한다. 이때 시간값이 FND에 표시되며, 최대 계측 시간은 9분59.9초이다.

③ 시간값 증가 중에 시작/정지 버튼을 다시 ON/OFF 하면 시간의 증가 동작을 중지한다.

④ 정지 중에 시작/정지 버튼을 다시 ON/OFF 하면 현재 시간부터 연속되어 증가한다.

⑤ 정지 상태에서 리셋 버튼을 ON/OFF 하면 시간 표시가 "0000" 으로 초기화된다. 단, 시간이 계측되고 있는 동안에는 리셋 버튼을 눌러도 초기화되지 않는다.

10[분]을 0.1초 단위로 변환하면 6000[0.1초]이다.

10[분]×600[0.1초]/1[분]=6000[0.1초]

따라서, 9[분] 59[초] 9[0.1초]를 "0.1초" 로 환산하면 "5999" 이다.

D0: 0.1초 단위로 계측된 시간값

D1: 분 단위의 시간값

D2: 초 단위의 시간값

D3: 0.1초 단위의 시간값

Device Na	F	E	D	C	B	A	9	8	7	6	5	4	3	2	1	0	Current Value
D0	0	0	0	0	1	0	1	0	1	0	1	1	1	0	1	1	2747
D1	0	0	0	0	0	0	0	0	0	0	0	0	0	1	0	0	4
D2	0	0	0	0	0	0	0	0	0	0	1	0	0	0	1	0	34
D3	0	0	0	0	0	0	0	0	0	0	0	0	0	1	1	1	7

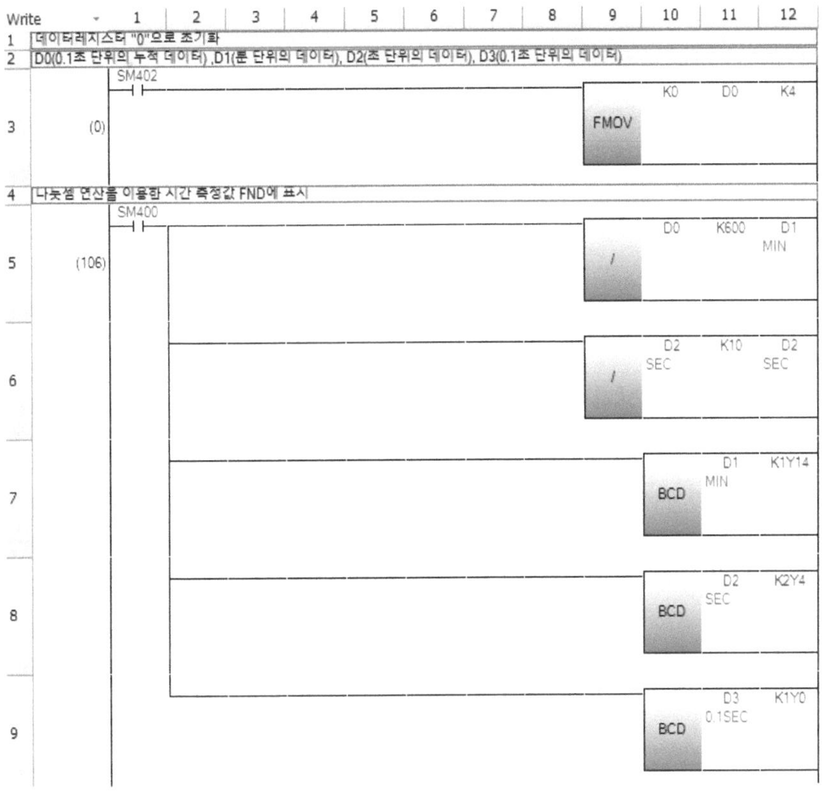

3번 라인은 0.1초 단위로 계측된 시간값과 0.1초, 1초, 1분 단위로 구분한 데이터를 저장하는 레지스터를 초깃값 0으로 설정하는 프로그램이다.

D0: 0.1초 단위로 계측된 시간값 / D1: 분 단위의 시간값

D: 초 단위의 시간값 /D3: 0.1초 단위의 시간값

5번 라인은 D0를 십진상수 600으로 나누어 분 데이터는 D1에 저장되고 나머지는 D2에 저장하는 프로그램이다.

1분 = 60초 = 600(0.1초)

6번 라인은 D2를 십진상수 10으로 나누어 초 데이터는 D2에 저장하고 나머지(0.1초 단

위 데이터)는 D3에 저장하는 프로그램이다.

$$1초 = 10(0.1초)$$

7~9번 라인은 각 단위의 값을 BCD 코드로 변환하여 FND에 전송하는 프로그램이다.

11번 라인은 비트 반전 명령어 "FF"를 사용하여 시작/정지 버튼이 눌러질 때마다 실행과 정지를 반복하게 하는 프로그램이다.

12, 13번 라인은 타이머가 동작하면 클럭 메모리 SM410을 이용해 0.1초마다 1씩 D0의 값을 증가하여, D0의 값이 5999보다 크면 D0의 값을 0으로 초기화하는 프로그램이다. 왜 5999를 비교 값으로 했는지 생각해 보자. 9분59.9초를 0.1초 단위로 환산하면 5999가 된다.

$$9분 = 9 \times 60초 = 9 \times 60 \times 10(0.1초) = 5400(0.1초)$$

$$59초 = 59 \times 10\ (0.1초) = 590\ (0.1초)$$

$$9분\ 59초\ 9(0.1초) = 5400 + 590 + 9 = 5999\ (0.1초)$$

15번 라인은 타이머가 정지 중에만 리셋 버튼(X1)이 눌러지면 모든 데이터를 초기화 하는 프로그램이다.

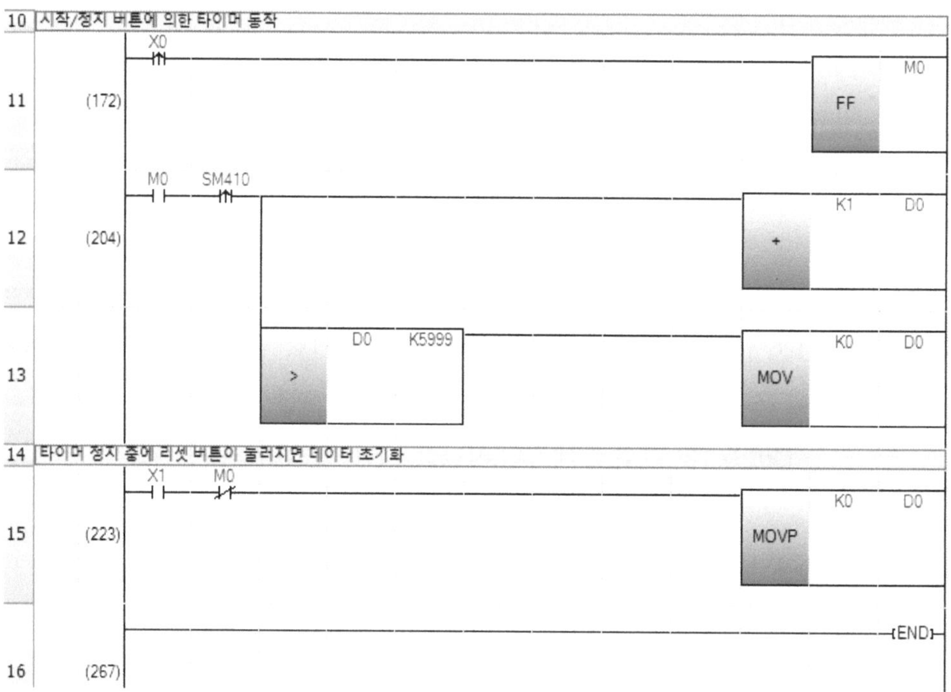

CHAPTER 17

4차 산업혁명 시대,
스마트공장 구축을 위한 스마트 제조 & 시퀀스 및 PLC 기초 실습

4개의 FND를 이용한 숫자 표시 (각 단위 버튼 활용)

// DIS(P), UNI(P) 명령어

앞의 숫자를 설정하는 예제에서는 큰 숫자를 설정하기 위해서는 버튼을 오래 누르고 있어야만 했다. 이번에는 각 단위의 값을 변경할 수 있는 버튼을 만들어 더 빠르게 숫자를 설정하는 프로그램을 작성해 보자.

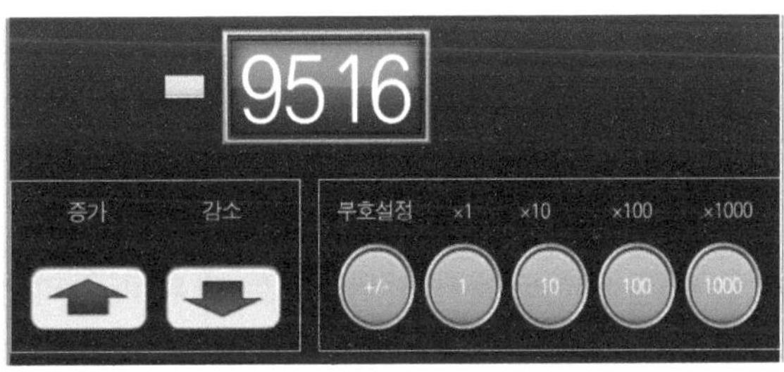

입력			출력		
주소	심벌	코멘트	주소	심벌	코멘트
X00		증가 버튼	Y03~Y00		일의 자리 FND
X01		감소 버튼	Y07~Y04		십의 자리 FND
X02		부호 설정 버튼	Y13~Y10		백의 자리 FND
X03		일 단위 버튼	Y17~Y14		천의 자리 FND
X04		십 단위 버튼	M100(Y20)		- 부호
X05		백 단위 버튼			
X06		천 단위 버튼			

[동작 조건]

① PLC의 전원이 ON 되거나 CPU가 리셋되면 FND에는 "0000" 이 표시된다.

② 천 단위 버튼(×1000)을 누르면 1000의 자리에 있는 숫자 값이 증가한다. 천의 자리의 숫자 값이 9일 때 버튼을 누르면 0이 된다. 백 단위 버튼(×100)과 십 단위 버튼(×10) 그리고 일 단위 버튼(×1)을 누르면 해당되는 자리의 숫자 값이 증가하고, 해당 값이 9일 때 버튼을 누르면 0이 된다.

③ 증가 버튼을 누르면 누르는 순간 숫자가 1씩 증가한다. 증가 버튼을 1초 이상 누르고 있으면 1초 후에는 0.1초 간격으로 1씩 증가한다. 단, 숫자는 9999까지만 증가하고 더 이상 증가하지 않는다.

④ 감소 버튼을 누르면 누르는 순간 숫자가 1씩 감소한다. 감소 버튼을 1초 이상 누르고 있으면 1초 후에는 0.1초 간격으로 1씩 감소한다. 단, 숫자는 −9999까지만 감소하고 더 이상 감소하지 않는다.

⑤ 부호 설정 버튼을 누를 때마다 부호가 변경된다. 예를 들어 양수 500이 설정된 상태에서 부호 설정 버튼을 누르면 −500으로 설정되고 다시 부호 설정 버튼을 누르면 +500으로 설정된다.

DIS(P) 명령어: 16비트 이진 데이터에서 하위 4비트 단위로 분리하여 지정된 다른 장치 범위에 저장하는 명령어

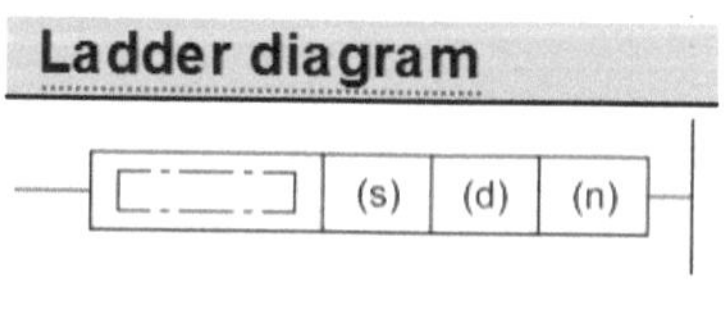

(S): 분리하려는 데이터가 저장되어 있는 디바이스의 번호

(d): 4비트로 분리된 데이터가 저장되는 디바이스의 선두 번호

(n): 분리하고자 하는 자릿수로 1부터 4까지 설정할 수 있다.

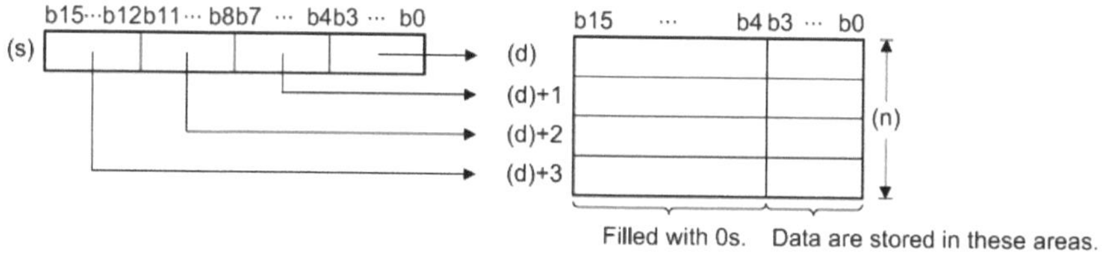

UNI(P) 명령어: UNI(P) 명령어는 DIS(P) 명령어와 반대의 기능을 하는 명령어이다. 서로 다른 16비트 장치에서 각 하위 4비트의 데이터를 지정된 16비트 바이너리 데이터에 저장한다.

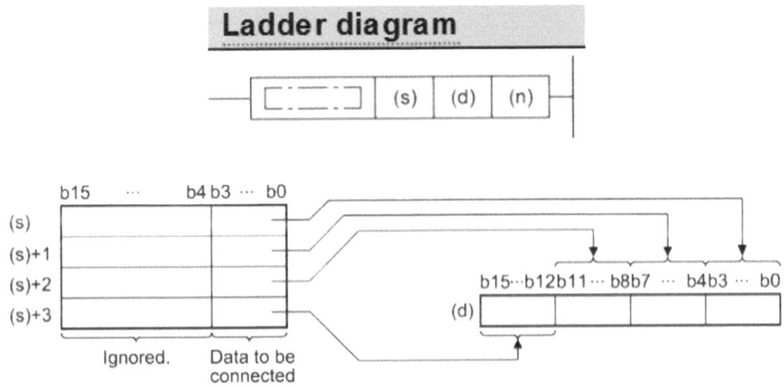

(s): 결합하고자 하는 데이터가 저장되어 있는 디바이스의 선두 번호

(d): 결합한 데이터가 저장되는 디바이스 번호

(n): 결합하고자 하는 자릿수로 1부터 4까지 설정할 수 있다.

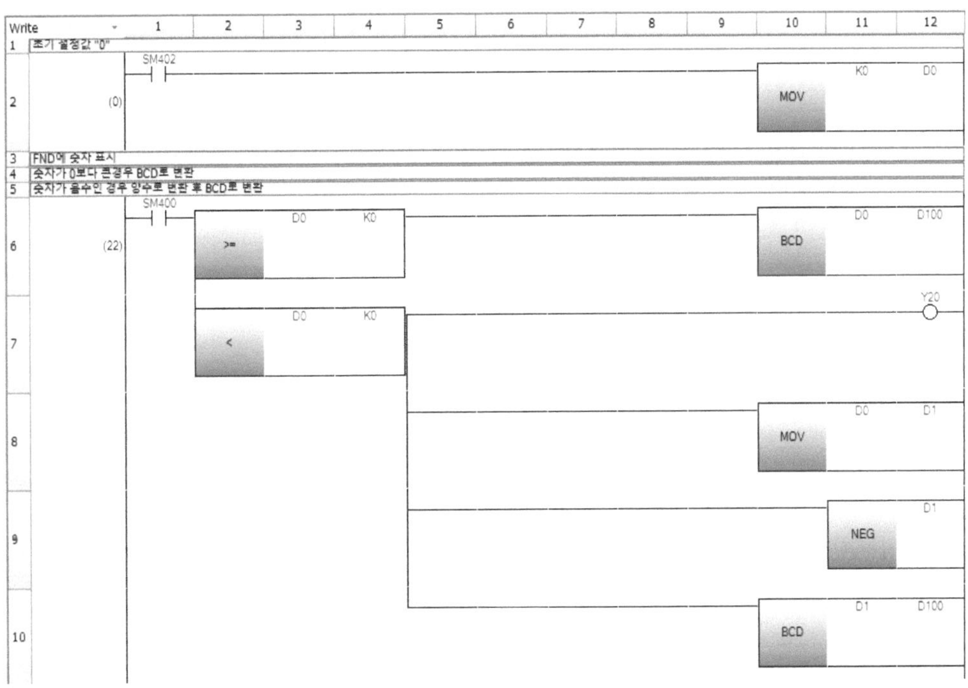

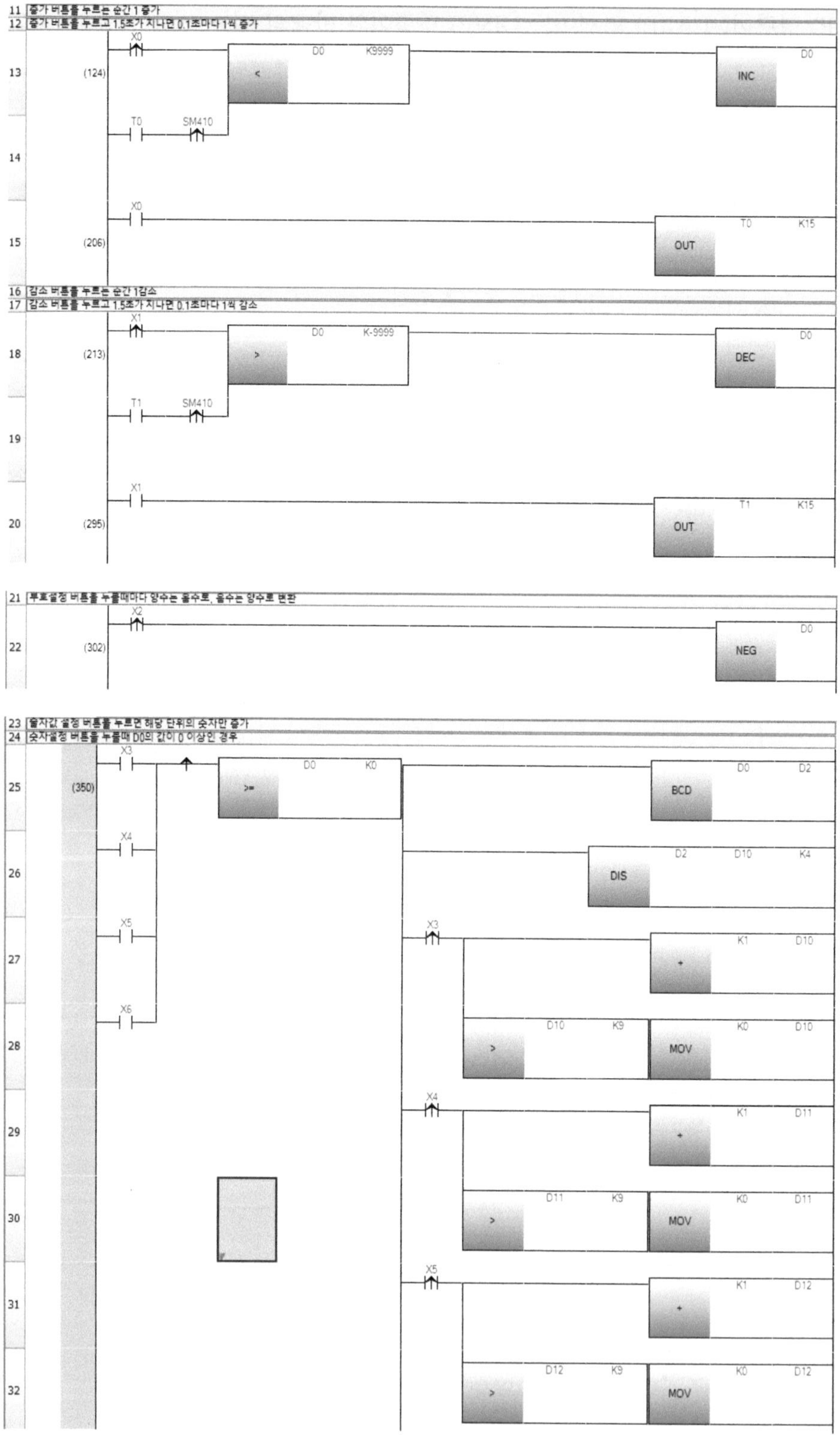
11 증가 버튼을 누르는 순간 1 증가
12 증가 버튼을 누르고 1.5초가 지나면 0.1초마다 1씩 증가
13 (124) X0 < D0 K9999 INC D0
14 T0 SM410
15 (206) X0 OUT T0 K15
16 감소 버튼을 누르는 순간 1감소
17 감소 버튼을 누르고 1.5초가 지나면 0.1초마다 1씩 감소
18 (213) X1 > D0 K-9999 DEC D0
19 T1 SM410
20 (295) X1 OUT T1 K15
21 부호설정 버튼을 누를때마다 양수는 음수로, 음수는 양수로 변환
22 (302) X2 NEG D0
23 숫자값 설정 버튼을 누르면 해당 단위의 숫자만 증가
24 숫자설정 버튼을 누를때 D0의 값이 0 이상인 경우
25 (350) X3 >= D0 K0 BCD D0 D2
26 X4 DIS D2 D10 K4
27 X5 X3 + K1 D10
28 X6 > D10 K9 MOV K0 D10
29 X4 + K1 D11
30 > D11 K9 MOV K0 D11
31 X5 + K1 D12
32 > D12 K9 MOV K0 D12

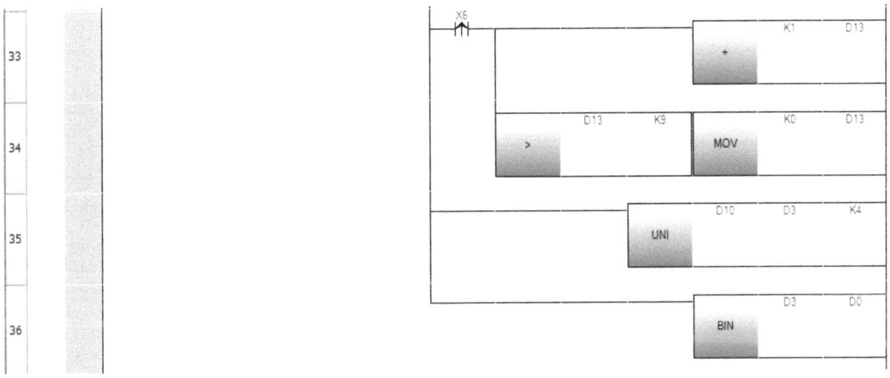

33
34
35
36
X6
+ K1 D13
> D13 K9
MOV K0 D13
UNI D10 D3 K4
BIN D3 D0

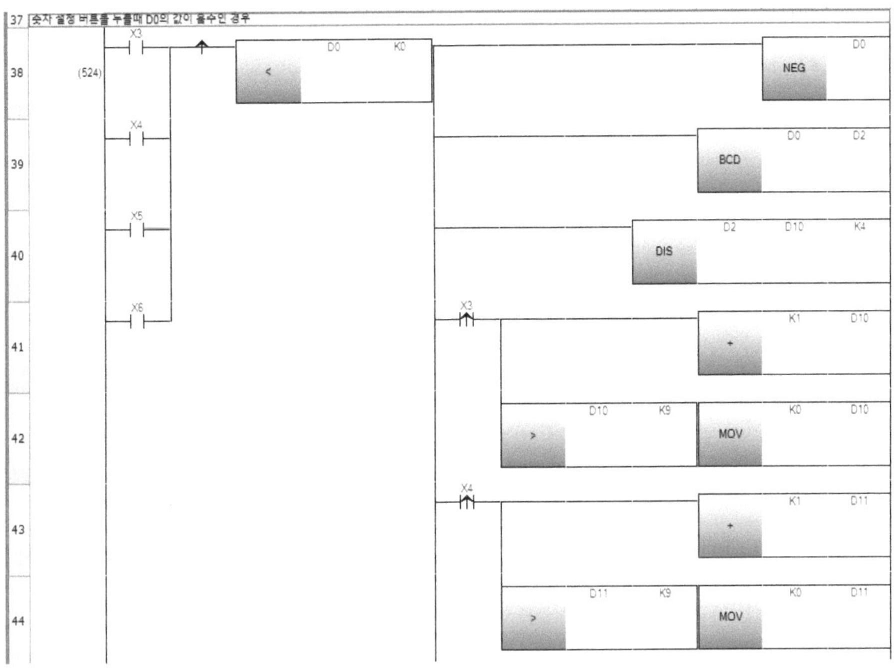

37 숫자 설정 버튼을 누를때 D0의 값이 음수인 경우
38
39
40
41
42
43
44
(524)
X3
X4
X5
X6
< D0 K0
NEG D0
BCD D0 D2
DIS D2 D10 K4
X3
+ K1 D10
> D10 K9
MOV K0 D10
X4
+ K1 D11
> D11 K9
MOV K0 D11

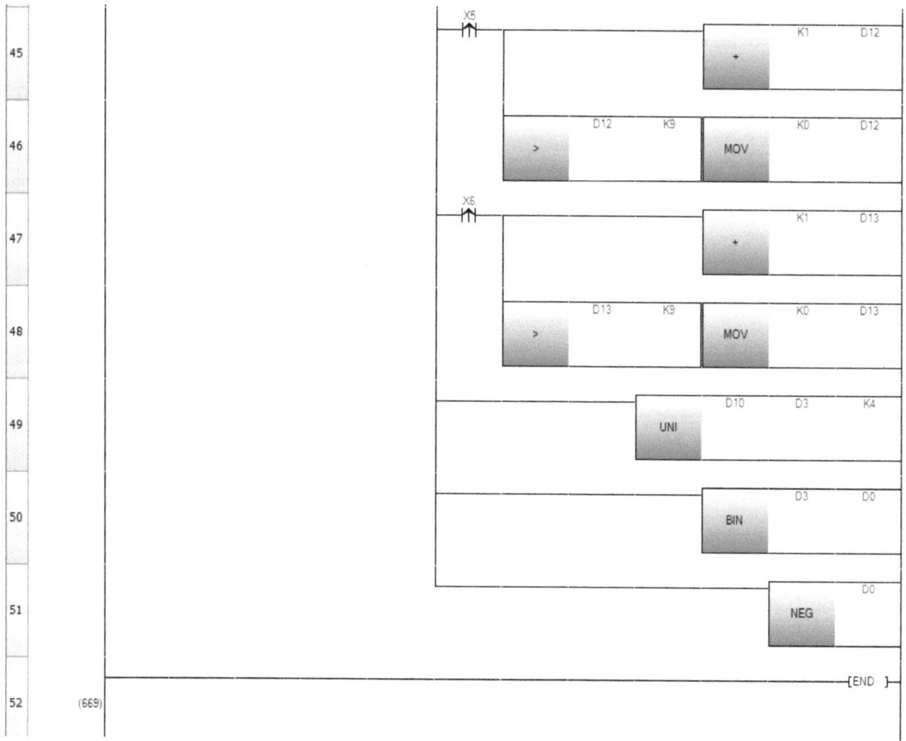

1번 라인은 특수 릴레이 SM402(첫 번째 스캔 ON)을 이용하여 데이터 레지스터 D0을 0으로 초기화하는 프로그램이다.

6~10번 라인은 D0에 저장한 숫자 데이터를 FND로 전송하기 위해 BCD로 변환하는 프로그램이다. 수치 데이터는 양수 또는 음수일 수 있으므로 그 값에 따라 프로그램이 달라진다.

6번 라인은 D0가 0보다 크거나 같으면 BCD로 변환하여 D100으로 전송한다.

7~10번 라인은 D0가 0보다 작으면(음수) 마이너스 부호 비트 Y20을 ON 한다. 음수는 BCD 코드로 변환할 수 없으므로 MOV 명령으로 D0의 값을 D1에 전송한다. 그런 다음 D1의 데이터를 음수/양수 변환 명령어인 NEG 명령을 이용하여 양수로 변환한다. 양수로 변환된 데이터 D1을 BCD로 변환하여 D100에 전송한다.

13~15번 라인은 증가 버튼을 누를 때와 증가 버튼을 누르고 1.5초가 지나면 0.1초마다 1씩 자동 증가하는 프로그램이다.

18~20번 라인은 감소 버튼을 누를 때와 감소 버튼을 누르고 1.5초가 지나면 0.1초마다 1씩 자동 감소하는 프로그램이다.

22번 라인은 부호 설정 버튼을 누를 때마다 NEG 명령을 통해 D의 값을 음수는 양수로 양수는 음수로 변환하는 프로그램이다.

25~36번 라인은 각 단위의 숫자 값 설정 버튼을 누를 때마다 해당 단위의 숫자 값이 0부터 9까지 1씩 증가하여 순환하는 프로그램이다. 각 단위 버튼을 누를 때 D0의 값이 0 이상이면, D0의 정수 데이터를 BCD 코드로 변환하여 D2에 저장한다.

26번 라인은 BCD 코드로 변환된 D2의 데이터를 DIS 명령을 통해 하위 4비트 단위로 분할하여 D10 ~ D13에 저장한다. D2에 저장된 데이터가 H6789라면 아래의 표와 같이 저장된다.

	15	14	13	12	11	10	9	8	7	6	5	4	3	2	1	0	현재 값	
D2	0	1	1	0	0	1	1	1	1	0	0	0	1	0	0	1	H6789	전체 값
D10	0	0	0	0	0	0	0	0	0	0	0	0	1	0	0	1	H0009	일 단위
D11	0	0	0	0	0	0	0	0	0	0	0	0	1	0	0	0	H0008	십 단위
D12	0	0	0	0	0	0	0	0	0	0	0	0	0	1	1	1	H0007	백 단위
D13	0	0	0	0	0	0	0	0	0	0	0	0	0	1	1	0	H0006	천 단위

D10에는 일의 자리 값이 저장되고 D11에는 십의 자리 값, D12에는 백의 자리 값, D13에는 천의 자릿값이 분할되어 저장된다.

27, 28번 라인은 일의 단위 숫자 버튼이 누를 때마다 일의 단위의 현재값이 1씩 증가하고 현재값이 9보다 크면 0으로 되는 프로그램이다. 산술연산 명령어는 피연산자나 연산자 모두 데이터 타입이 같아야 한다. (정수는 정수끼리, 실수는 실수끼리) D10의 데이터가 BCD 코드로 저장되어 있으나 산술연산 명령에 의해 BCD 코드가 아닌 정수로 인식되어 연산하게 되는 것이다.

29, 30번 라인은 십의 단위 숫자 버튼이 누를 때마다 십의 단위의 현재값이 1씩 증가하고 현재값이 9보다 크면 0으로 되는 프로그램이다.

31, 32번 라인은 백의 단위 숫자 버튼이 누를 때마다 백의 단위의 현재값이 1씩 증가하고 현재값이 9보다 크면 0으로 되는 프로그램이다.

33, 34번 라인은 천의 단위 숫자 버튼이 누를 때마다 천의 단위의 현재값이 1씩 증가하

고 현재값이 9보다 크면 0으로 되는 프로그램이다.

35번 라인은 각 단위별 데이터를 UNI 명령을 통해 통합하는 프로그램이다. 예를 들어 D10부터 D13까지 그림과 같이 저장되어 있다면 UNI 명령을 통해 D3에는 H4321이 저장된다.

	15	14	13	12	11	10	9	8	7	6	5	4	3	2	1	0	현재 값	
D3	0	1	0	0	0	0	1	1	0	0	1	0	0	0	0	1	H4321	전체 값
D10	0	0	0	0	0	0	0	0	0	0	0	0	0	0	0	1	H0001	일 단위
D11	0	0	0	0	0	0	0	0	0	0	0	0	0	0	1	0	H0002	십 단위
D12	0	0	0	0	0	0	0	0	0	0	0	0	0	0	1	1	H0003	백 단위
D13	0	0	0	0	0	0	0	0	0	0	0	0	0	1	0	0	H0004	천 단위

36번 라인은 D3에 저장되어 있는 BCD 코드를 정수로 변환하여 D0에 저장하는 프로그램이다.

38~51번 라인은 각 단위 버튼을 누를 때 D0의 값이 음수일 때 동작하는 프로그램이다.

음수는 BCD 코드로 변환하면 에러가 발생하므로 먼저 NEG 명령으로 양수로 변환한다. 양수로 변환한 데이터를 BCD 코드로 변환하고 변환된 데이터를 DIS 명령으로 4비트 단위로 분할하여 각 단위의 레지스터에 저장한다.

51번 라인은 D0의 값이 원래 음수 데이터이므로 음수 값으로 변환하기 위해 한 번 더 NEG 명령을 실행한다.

CHAPTER 18

4차 산업혁명 시대,
스마트공장 구축을 위한 스마트 제조 & 시퀀스 및 PLC 기초 실습

4개의 FND를 이용한 숫자 표시 (자리 이동 버튼, 설정/해제 버튼)

//DIS(P), UNI(P) 명령어

앞 예제에서는 각 단위에 해당하는 숫자 설정 버튼이 따로 있었다. 이번에는 자리 이동 버튼으로 해당 단위의 숫자를 변경하는 프로그램을 작성해 보자.

입력			출력		
주소	심벌	코멘트	주소	심벌	코멘트
X00		증가 버튼	Y03~Y00		일의 자리 FND
X01		감소 버튼	Y07~Y04		십의 자리 FND
X02		부호 설정 버튼	Y13~Y10		백의 자리 FND
X03		설정/해제 버튼	Y17~Y14		천의 자리 FND
X04		자리 이동 버튼			– 부호

[동작 조건]

① PLC의 전원이 ON 되거나 CPU가 리셋되면 FND에는 "0000"이 표시된다.

② 설정/해제 버튼을 누를 때마다 설정 모드와 해제 모드로 번갈아 변경된다.
설정 모드가 되면 일의 자리에 해당되는 FND가 점멸 동작(0.5초 ON, 0.5초 OFF)을 한다. 점멸 중에 자리 이동 버튼을 누를 때마다 십의 자리 FND, 백의 자리 FND, 천의 자리 FND 다시 일의 자리 FND 순으로 점멸 동작을 한다.

③ 설정 모드에서 증가와 감소 버튼을 누르면 점멸 동작을 하고 있는 FND의 숫자가 증가 또는 감소한다. (0에서 9 사이를 순환)

④ 설정 모드에서 부호 설정 버튼을 누르면 부호가 반전된다. 즉 양수는 음수로, 음수는 양수로 설정된다.

⑤ 설정 모드 상태에서 다시 설정/해제 버튼을 누르면 해제 모드로 변경되고 FND 점멸

은 중지한다. 해제 모드에서는 증가와 감소 버튼만 동작하고 나머지 버튼에 의해서는 동작하지 않는다.

⑥ 해제 모드인 경우 증가 버튼을 누르면 누르는 순간 숫자가 1씩 증가한다. 증가 버튼을 1초 이상 누르고 있으면 1초 후에는 0.1초 간격으로 1씩 증가한다. 단, 숫자는 9999까지만 증가하고 더 이상 증가하지 않는다.

⑦ 해제 모드인 경우 감소 버튼을 누르면 누르는 순간 숫자가 1씩 감소한다. 감소 버튼을 1초 이상 누르고 있으면 1초 후에는 0.1초 간격으로 1씩 감소한다. 단, 숫자는 −9999까지만 감소하고 더 이상 감소하지 않는다.

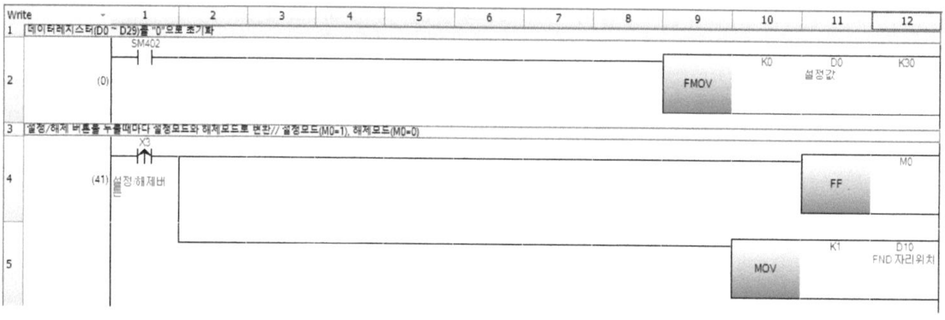

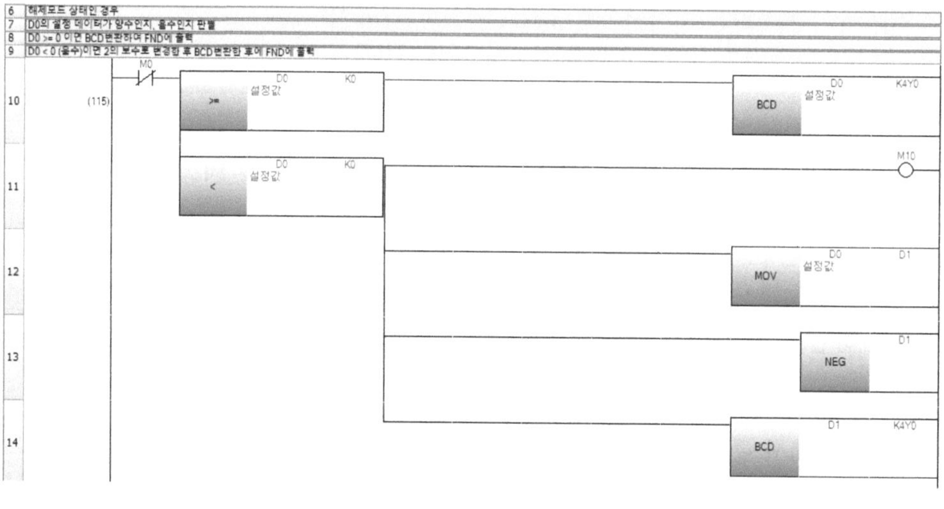

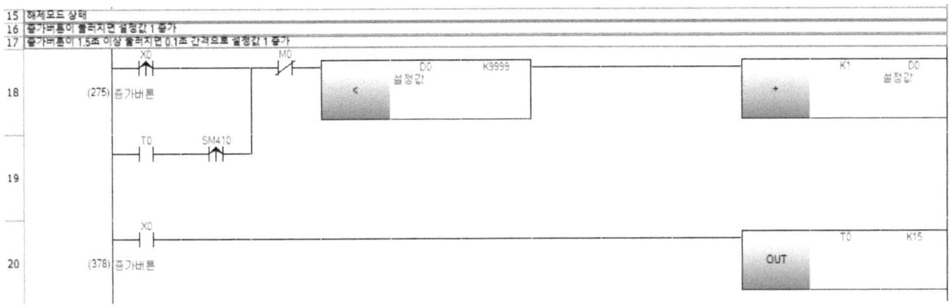
15 해제모드 상태
16 증가버튼이 눌러지면 설정값 1 증가
17 증가버튼이 1.5초 이상 눌러지면 0.1초 간격으로 설정값 1 증가
X0
M0
D0
K9999
K1
D0
설정값
18
(275) 증가버튼
T0
SM410
19
X0
T0
K15
20
(378) 증가버튼
OUT

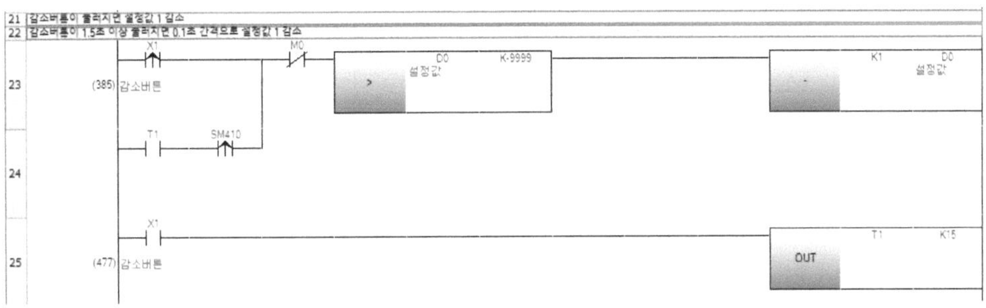
21 감소버튼이 눌러지면 설정값 1 감소
22 감소버튼이 1.5초 이상 눌러지면 0.1초 간격으로 설정값 1 감소
X1
M0
D0
K-9999
K1
D0
설정값
23
(385) 감소버튼
T1
SM410
24
X1
T1
K15
25
(477) 감소버튼
OUT

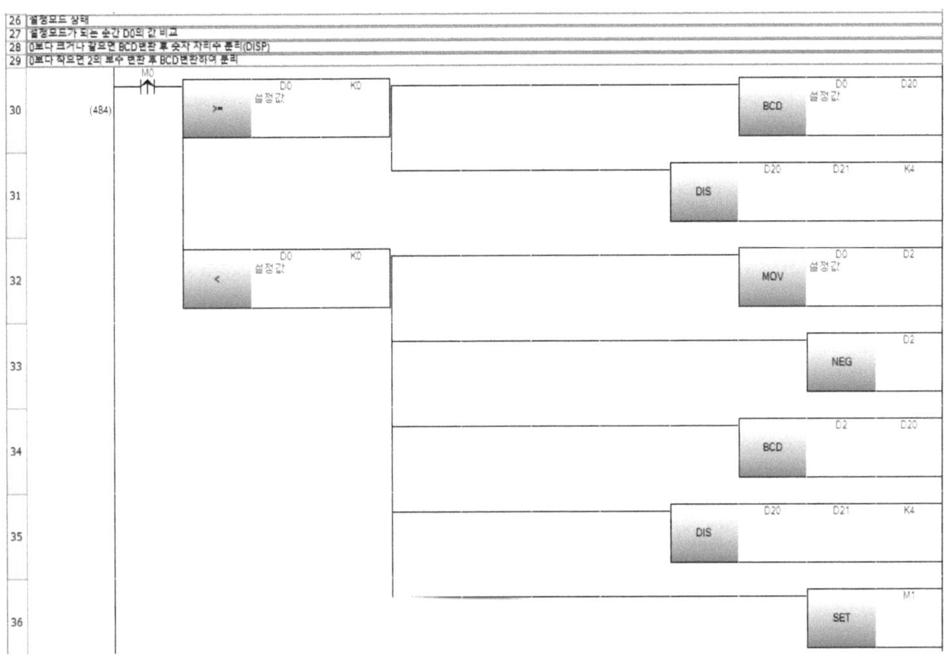
26 설정모드 상태
27 설정모드가 되는 순간 D0의 값 비교
28 0보다 크거나 같으면 BCD변환 후 숫자 자리수 분리(DISP)
29 0보다 작으면 2의 보수 변환 후 BCD변환하여 분리
M0
30
(484)
>=
D0
설정값
K0
BCD
D0
D20
31
DIS
D20
D21
K4
32
<
D0
K0
MOV
D0
D2
33
NEG
D2
34
BCD
D2
D20
35
DIS
D20
D21
K4
36
SET
M1

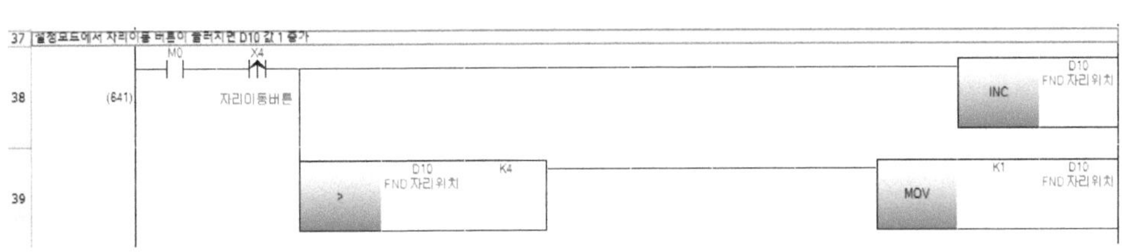
37 설정모드에서 자리이동 버튼이 눌러지면 D10 값 1 증가
M0
X4
38
(641)
자리이동버튼
INC
D10
FND 자리위치
39
>
D10
FND 자리위치
K4
MOV
K1
D10
FND 자리위치

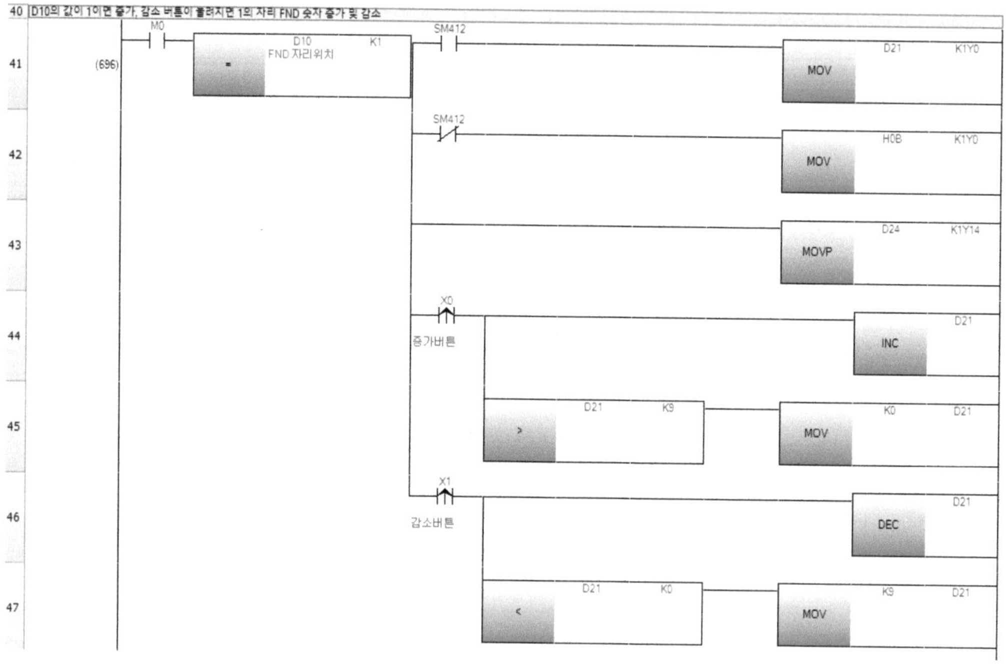
40 D10의 값이 1이면 증가, 감소 버튼이 눌려지면 1의 자리 FND 숫자 증가 및 감소
M0
D10
FND 자리위치
K1
(696)
SM412
MOV D21 K1Y0
SM412
MOV H0B K1Y0
MOVP D24 K1Y14
X0
증가버튼
INC D21
> D21 K9
MOV K0 D21
X1
감소버튼
DEC D21
< D21 K0
MOV K9 D21

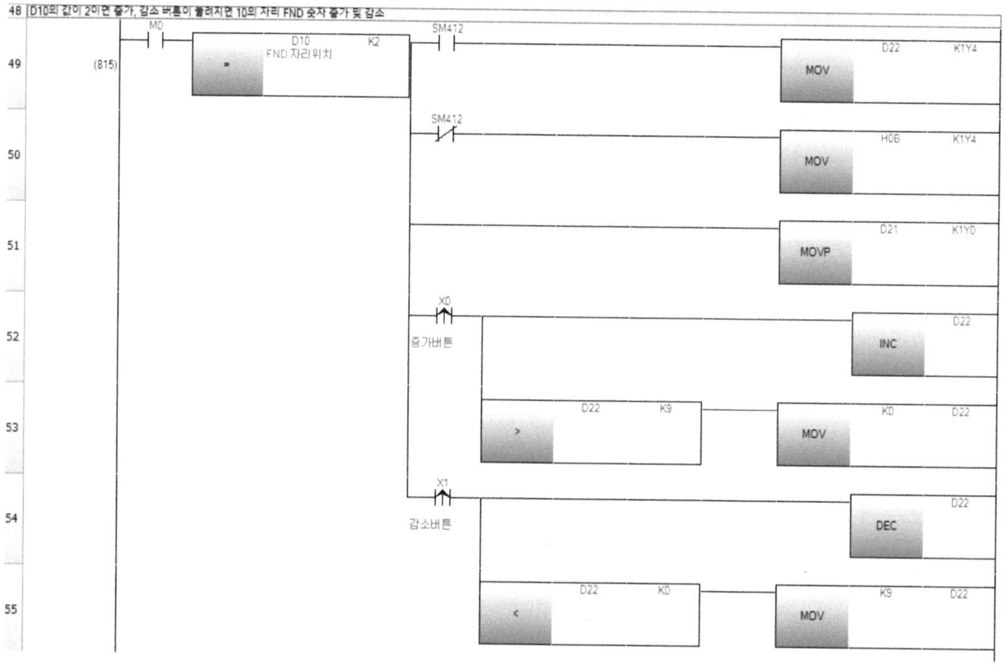
48 D10의 값이 2이면 증가, 감소 버튼이 눌려지면 10의 자리 FND 숫자 증가 및 감소
M0
D10
FND 자리위치
K2
(815)
SM412
MOV D22 K1Y4
SM412
MOV H0B K1Y4
MOVP D21 K1Y0
X0
증가버튼
INC D22
> D22 K9
MOV K0 D22
X1
감소버튼
DEC D22
< D22 K0
MOV K9 D22

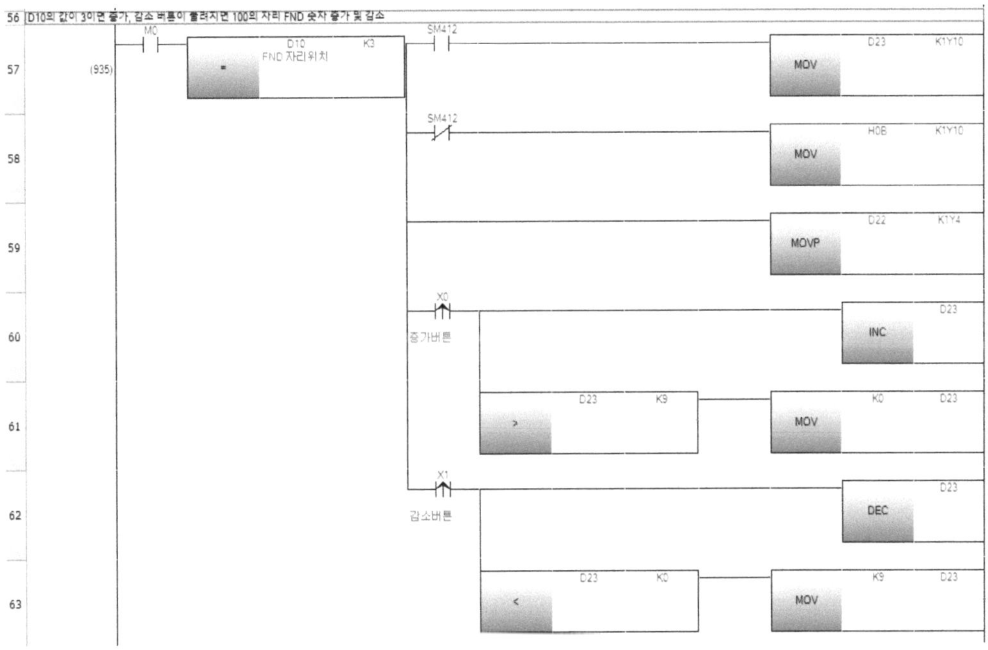
56 D10의 값이 3이면 증가, 감소 버튼이 눌려지면 100의 자리 FND 숫자 증가 및 감소
57 (935) M0 = D10 FND 자리위치 K3 SM412 MOV D23 K1Y10
58 SM412 MOV H0B K1Y10
59 MOVP D22 K1Y4
60 X0 증가버튼 INC D23
61 > D23 K9 MOV K0 D23
62 X1 감소버튼 DEC D23
63 < D23 K0 MOV K9 D23

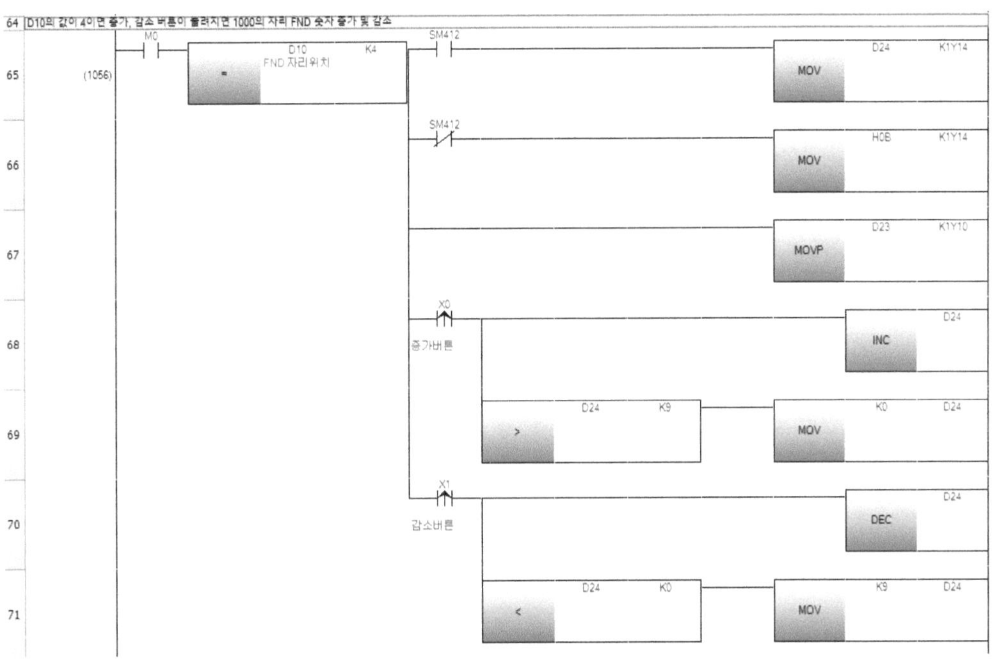
64 D10의 값이 4이면 증가, 감소 버튼이 눌려지면 1000의 자리 FND 숫자 증가 및 감소
65 (1056) M0 = D10 FND 자리위치 K4 SM412 MOV D24 K1Y14
66 SM412 MOV H0B K1Y14
67 MOVP D23 K1Y10
68 X0 증가버튼 INC D24
69 > D24 K9 MOV K0 D24
70 X1 감소버튼 DEC D24
71 < D24 K0 MOV K9 D24

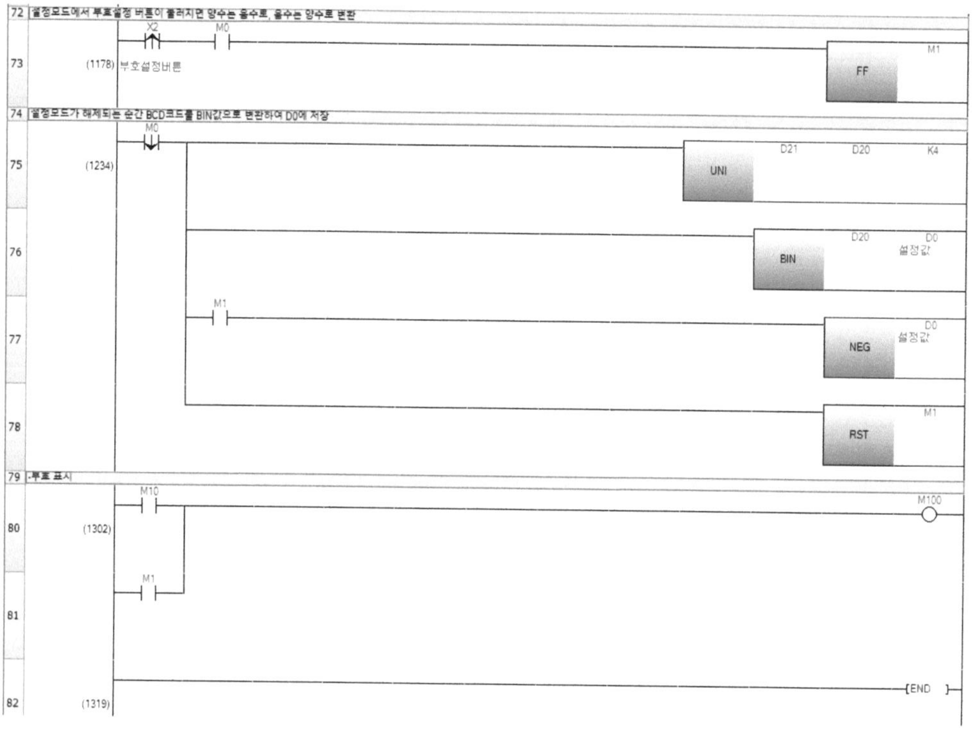

4번 라인은 설정/해제 버튼을 누를 때마다 설정 모드와 해제 모드로 변경되며, 모드가 변경될 때마다 FND의 자리 위치를 저장하는 D10의 값을 1로 설정하는 프로그램이다.

10~14번 라인은 해제 모드인 경우에 D0의 데이터의 양수, 음수를 판별하여 FND에 출력하는 프로그램이다. D0의 데이터가 0 이상이면 BCD로 변환하여 출력하고, 음수이면 NEG 명령으로 양수로 변환한 후에 BCD로 변환하여 FND로 출력한다.

Device Na	F	E	D	C	B	A	9	8	7	6	5	4	3	2	1	0	Current Value
D0	1	1	1	0	1	1	1	1	0	0	0	1	1	1	1	1	-4321
D1	0	0	0	1	0	0	0	0	1	1	1	0	0	0	0	1	4321
D2	0	0	0	1	0	0	0	0	1	1	1	0	0	0	0	1	4321

18~20번 라인은 해제 모드인 경우에 증가 버튼에 의해 1씩 증가하는 프로그램이다. 최대 9999까지 증가한다.

23~25번 라인은 해제 모드인 경우에 감소 버튼에 의해 1씩 감소하는 프로그램이다. 최소 −9999까지 감소한다.

30~36번 라인은 설정 모드로 변경되면 D0의 데이터를 각 단위(일, 십, 백, 천)별 데이

터로 구분하여 저장하는 프로그램이다. 설정 모드가 되는 순간 D0의 데이터가 0 이상이면 BCD로 변환 후에 4비트 분할 명령 DIS를 통해 각 단위별로 저장한다.

설정 모드가 되는 순간 D0의 데이터가 음수이면 먼저 NEG 변환 명령으로 양수로 변환한다. 그다음에 BCD로 변환하고, BCD 데이터를 DIS 명령으로 각 단위별로 저장한다.

36번 라인은 D0의 데이터가 음수였음을 기억하기 위한 프로그램이다.

D20	0	1	0	0	0	0	1	1	0	0	1	0	0	0	0	1	17185
D21	0	0	0	0	0	0	0	0	0	0	0	0	0	0	0	1	1
D22	0	0	0	0	0	0	0	0	0	0	0	0	0	0	1	0	2
D23	0	0	0	0	0	0	0	0	0	0	0	0	0	0	1	1	3
D24	0	0	0	0	0	0	0	0	0	0	0	0	0	1	0	0	4

38~39번 라인은 설정 모드 상태에서 자리 이동 버튼이 눌러질 때마다 FND의 자리 위치를 왼쪽으로 이동하기 위한 프로그램이다. 설정 모드가 되는 순간 D10의 저장값은 1이 된다. (라인 5 참조)

D10	0	0	0	0	0	0	0	0	0	0	0	0	0	0	0	1	1

41~47번 라인은 설정 모드 상태에서 1의 자리 FND가 점멸하면, 증가 버튼과 감소 버튼을 누를 때마다 1의 자리 FND 값이 1씩 증가 또는 감소하는 프로그램이다.

43번 라인은 이전의 점멸했던, 즉 천의 단위 FND의 점멸 동작을 중지하기 위한 프로그램이다.

49~71번 라인은 설정 모드 상태에서 십, 백, 천의 자리의 숫자를 변경하기 위한 프로그램이다.

72번 라인은 설정 모드 상태에서 부호 설정 버튼으로 양수와 음수로 서로 변환하는 프로그램이다. (라인 36 참조)

74~78번 라인은 설정 모드가 해제되는 순간 D0에 정수 데이터를 저장하는 프로그램이다. 먼저 각 자리에 있는 데이터를 UNI 명령을 통해 16비트 데이터로 통합한다. 그리고 정수로 변환하는 명령어 BIN을 실행하여 D0에 저장한다. 만일 음수인 경우이면 NEG 명령으로 양수로 변환하여 저장한다.

80, 81번 라인은 음수인 경우 – 부호를 표시하기 위한 프로그램이다.

CHAPTER 19

4차 산업혁명 시대,
스마트공장 구축을 위한 스마트 제조 & 시퀀스 및 PLC 기초 실습

JOG 운전으로 DC 모터의 정역 제어 (DC 모터를 이용한 위치 제어)

JOG 운전이란 조작 버튼을 누르고 있는 동안에만 동작이 되는 운전 방식이다.
이번에는 FX5U의 글로벌 라벨과 로컬 라벨을 이용하여 프로그램을 작성해 보자.

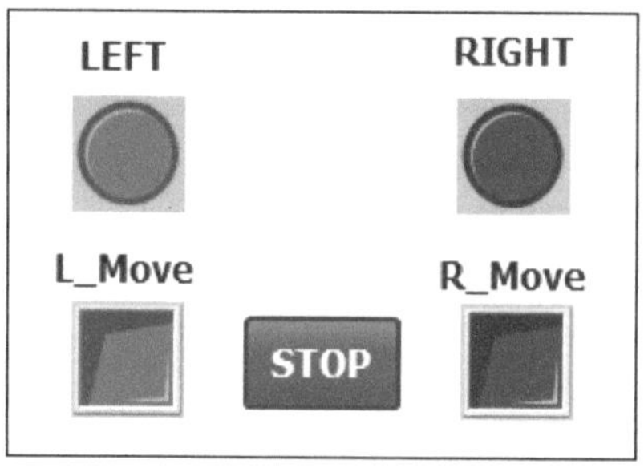

입력			출력		
주소	심벌(라벨)	코멘트	주소	심벌(라벨)	코멘트
	PB_Left	좌 이동 버튼		M_Left	모터 좌 이동
	PB_Right	우 이동 버튼		M_Right	모터 우 이동
	LS_Low	하한 리밋 센서		PL_Left	좌 이동 표시 램프
	LS_High	상한 리밋 센서		PL_Right	우 이동 표시 램프

[동작 조건]

① 좌 이동 버튼을 누르고 있는 동안 이송 테이블이 좌측으로 이동하고 좌 이동 표시 램프는 점등한다.
이송 테이블이 좌측으로 이동 중에 하한 센서가 동작하면 모터는 즉시 정지하고 좌이동 표시 램프는 0.5초 간격으로 점멸한다. 이 상태에서 우 이동 버튼을 누르면 이송 테이블이 우측으로 이동하고 우 이동 표시 램프가 점등한다.

② 우 이동 버튼을 누르고 있는 동안 이송 테이블이 우측으로 이동하고 우 이동 표시 램

프는 점등한다.

이송 테이블이 우측으로 이동 중에 상한 센서가 동작하면 모터는 즉시 정지하고 우 이동 표시 램프는 0.5초 간격으로 점멸한다. 이 상태에서 좌 이동 버튼을 누르면 이송 테이블이 좌측으로 이동하고 좌 이동 표시 램프가 점등한다.

[로컬 라벨]

	Label Name	Data Type		Class	Initial Value	Constant	Comment
1	좌이동	Bit	...	VAR			
2	우이동	Bit	...	VAR			

하한 리밋 센서와 상한 리밋 센서는 Light On으로 되어 있다. 도그가 하한 리밋 센서와 상한 리밋 센서 위치에 오면 수광부에서 빛이 감지되지 않아 센서의 신호 출력이 OFF가 된다.

3, 4번 라인은 하한과 상한 리밋 센서 위치에 도그가 위치하지 않고 있으므로 LS_Low 접점과 LS_Hi 접점이 ON이 되어 있으므로 좌 이동 버튼 또는 우 이동 버튼을 누르면 로컬 라벨의 좌 이동과 우 이동 릴레이가 ON이 된다.

12번 라인은 도그의 위치가 하한 리밋 센서의 위치에 오게 되면 센서의 출력이 OFF가 되어 SM412(1초 클럭 메모리)에 의해 좌 이동 표시 램프는 점멸한다.

15번 라인은 도그가 상한 리밋 센서의 위치에 위치할 때의 동작이다.

CHAPTER 20

4차 산업혁명 시대,
스마트공장 구축을 위한 스마트 제조 & 시퀀스 및 PLC 기초 실습

자기유지 회로를 이용한 DC 모터 정역 제어 실습

앞 예제에서는 모터의 좌, 우 JOG 운전에 대해 실습하였다. 이제는 좌 이동 버튼 또는 우 이동 버튼을 눌렀다 떼면 자기유지되어 동작하는 프로그램을 작성해 보자.

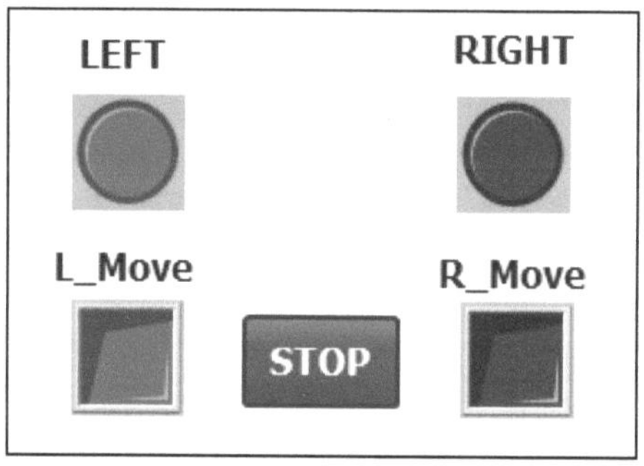

입력			출력		
주소	심벌(라벨)	코멘트	주소	심벌(라벨)	코멘트
	PB_Left	좌 이동 버튼		M_Left	모터 좌 이동
	PB_Right	우 이동 버튼		M_Right	모터 우 이동
	PB_Stop	정지 버튼		PL_Left	좌 이동 표시 램프
	LS_Low	하한 리밋 센서		PL_Right	우 이동 표시 램프
	LS_High	상한 리밋 센서			

[동작 조건]

① 좌 이동 버튼을 눌렀다 떼면 이송 테이블이 좌측으로 이동하고 좌 이동 표시 램프는 점등한다.
이송 테이블이 좌측으로 이동 중에 하한 센서가 동작하면 모터는 즉시 정지하고 좌 이동 표시 램프는 0.5초 간격으로 점멸한다.

② 우 이동 버튼을 눌렀다 떼면 이송 테이블이 우측으로 이동하고 우 이동 표시 램

프는 점등한다.

이송 테이블이 우측으로 이동 중에 상한 센서가 동작하면 모터는 즉시 정지하고 우 이동 표시 램프는 0.5초 간격으로 점멸한다.

③ 이송 테이블이 좌측 또는 우측으로 이동 중에 정지 버튼을 누르면 모터는 즉시 정지하고 램프는 소등된다.

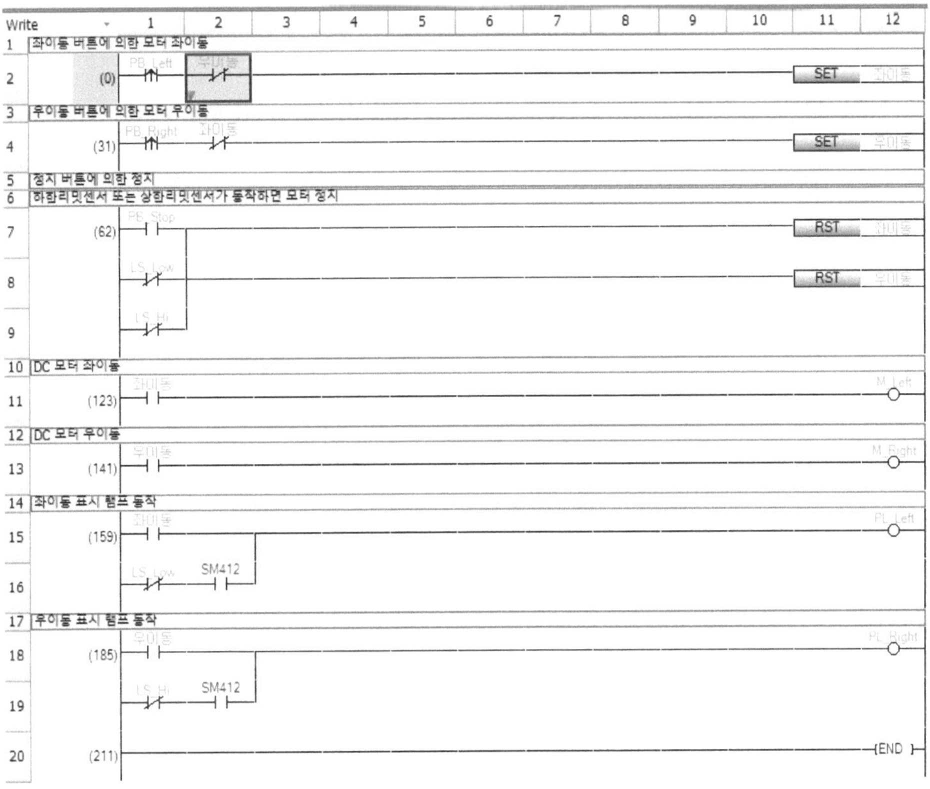

2번 라인과 4번 라인은 좌 이동 버튼 또는 우 이동 버튼을 누르는 순간 SET 명령으로 좌 이동, 우 이동 릴레이를 ON 시키는 프로그램이다.

7~9번 라인은 좌 이동과 우 이동 릴레이가 정지 버튼을 누르거나, 하한 리밋 센서 또는 상한 리밋 센서가 감지할 경우 즉시 RESET 시키는 조건이다.

CHAPTER 21

4차 산업혁명 시대,
스마트공장 구축을 위한 스마트 제조 & 시퀀스 및 PLC 기초 실습

위치 센서를 이용한 DC 모터 정역 제어 실습 1

해당 위치 이동 버튼을 누르면 해당 위치로 이동하고 정지하는 프로그램을 작성해 보자.

도그의 초기 위치은 1～3번 중 하나의 위치에 놓여 있다.

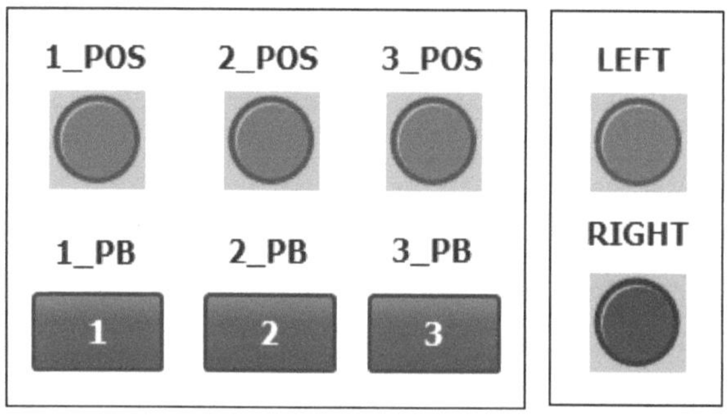

입력			출력		
주소	심벌(라벨)	코멘트	주소	심벌(라벨)	코멘트
	PB_Left	좌 이동 버튼		M_Left	모터 좌 이동
	PB_Right	우 이동 버튼		M_Right	모터 우 이동
	PB_Stop	정지 스위치 (수동/자동 선택 스위치)		PL_POS1	1번 위치 표시 램프
	PB_POS1	1번 위치 버튼		PL_POS2	2번 위치 표시 램프
	PB_POS2	2번 위치 버튼		PL_POS3	3번 위치 표시 램프
	PB_POS3	3번 위치 버튼		PL_Left	좌 이동 표시 램프
	LS_Low	하한 센서(Dark ON)		PL_Right	우 이동 표시 램프
	SS_POS1	1번 위치 센서		PL_Warn	경고 램프
	SS_POS2	2번 위치 센서			
	SS_POS3	3번 위치 센서			
	LS_High	상한 센서(Dark ON)			

[동작 조건]

① 이송 테이블은 초기 위치가 1번, 2번, 3번 위치 중 하나에 위치하도록 한다. 도그가 1번, 2번, 3번 위치에 있으면 해당 위치 표시 램프가 점등한다.

② 이동하고자 하는 위치 버튼을 눌렀다 떼면 이송 테이블은 해당 위치로 이동을 시작한다. 이때 이송 테이블의 이동 방향에 따라 좌 이동 또는 우 이동 램프가 0.5초 간격으로 점멸 동작을 하고 해당 위치의 위치 센서가 동작했을 때, 이송 테이블은 즉시 정지하고 이동 표시 램프는 소등된다.

③ 이송 테이블의 위치가 센서 동작 위치에 있지 않으면 위치 버튼을 눌러도 이송 테이블은 동작하지 않는다.

[로컬 라벨]

	Label Name	Data Type	
1	좌이동1	Bit	...
2	우이동1	Bit	...
3	좌이동2	Bit	...
4	우이동2	Bit	...

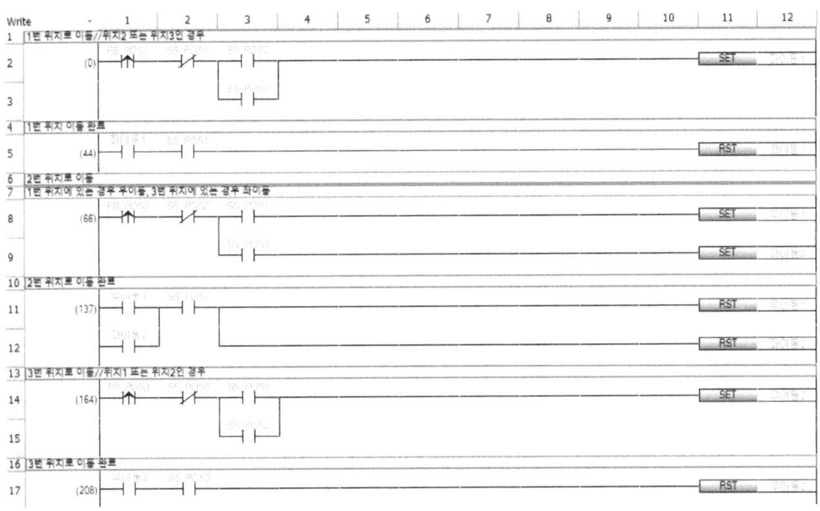

2~3번 라인은 1번 위치로 이동하기 위한 프로그램이다. 1번 위치로 이동하기 위해서는 도그의 위치가 1번에 있지 않고, 2번과 3번 중 한 곳에 있어서 좌측으로 이동하게 된다.

5번 라인은 1번 위치로 이동 중에 1번 센서가 감지하면 이동을 정지하는 프로그램이다.

8, 9번 라인은 2번 위치로 이동하기 위한 프로그램이다. 2번 위치로 이동하는 것은 도그의 위치가 1번에 있는 경우에는 우측으로 이동해야 하고, 도그의 위치가 3번에 있는 경우에는 좌측으로 이동해야 한다.

11, 12번 라인은 도그가 2번 위치로 이동을 완료하면 도그의 이동을 정지하는 프로그램이다.

14, 15번 라인은 3번 위치로 이동하기 위한 프로그램이다. 3번 위치로 이동하기 위해서는 도그의 위치가 3번에 있지 않고, 1번과 2번 중 한 곳에 있어서 우측으로 이동하게 된다.

17번 라인은 3번 위치로 이동을 완료하면 도그의 이동을 정지하는 프로그램이다.

19, 20번 라인은 도그가 좌 이동할 때 모터가 동작하고 좌 이동 표시 램프가 점멸하는 동작이다.

22, 23번 라인은 도그가 우 이동할 때 모터가 동작하고 우 이동 표시 램프가 점멸하는 동작이다.

25~27번 라인은 도그의 위치가 1~3번 위치에 있을 때 해당 위치의 램프가 점등하는 동작이다.

CHAPTER 22

4차 산업혁명 시대,
스마트공장 구축을 위한 스마트 제조 & 시퀀스 및 PLC 기초 실습

위치 센서를 이용한 DC 모터 정역 제어 실습 2

위치 이동을 수동 모드와 자동 모드로 구분하여 동작하는 프로그램을 작성해 보자. 도그의 위치가 센서 위치에 없는 경우 수작업으로 도그를 이송시키도록 한다.

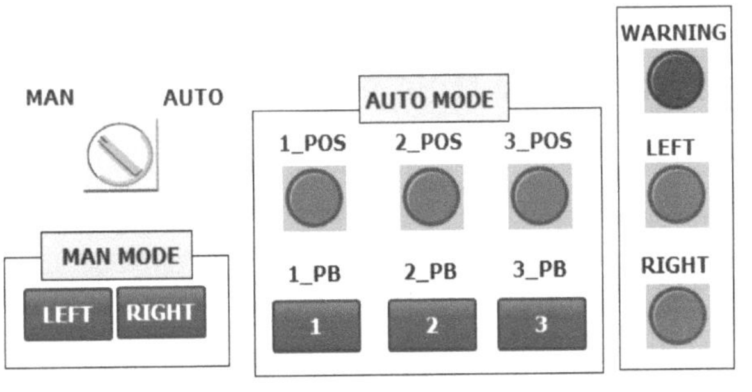

입력			출력		
주소	심벌(라벨)	코멘트	주소	심벌(라벨)	코멘트
	SW_Mode	수동/자동 선택 스위치		M_Left	모터 좌 이동
	PB_Left	좌 이동 버튼		M_Right	모터 우 이동
	PB_Right	우 이동 버튼		PL_POS1	1번 위치 표시 램프
	PB_Stop	정지 스위치 (수동/자동 선택 스위치)		PL_POS2	2번 위치 표시 램프
	PB_POS1	1번 위치 버튼		PL_POS3	3번 위치 표시 램프
	PB_POS2	2번 위치 버튼		PL_Left	좌 이동 표시 램프
	PB_POS3	3번 위치 버튼		PL_Right	우 이동 표시 램프
	LS_Low	하한 센서(Dark ON)		PL_Warn	경고 램프
	SS_POS1	1번 위치 센서			
	SS_POS2	2번 위치 센서			
	SS_POS3	3번 위치 센서			
	LS_Hi	상한 센서(Dark ON)			

[동작 조건]

① 선택 스위치로 수동 모드와 자동 모드를 설정한다. (OFF: 수동 모드, ON: 자동 모드)

② 수동 모드에서만 좌 이동 버튼과 우 이동 버튼은 동작한다.

- 좌 이동 버튼을 누르고 있는 동안 이송 테이블은 좌측으로 이동하고 이때 좌 이동 램프는 0.5초 간격으로 점멸 동작을 한다. 그리고 1번, 2번, 3번 위치 센서가 동작하면 위치 표시 램프는 점등한다. 이송 테이블이 좌측으로 이동 중에 하한 센서가 동작하면 이송 테이블은 즉시 정지하고 하한 센서가 동작하고 있는 동안 경고 램프가 0.5초 간격으로 점멸 동작을 한다.
- 우이동 버튼을 누르고 있는 동안 이송 테이블은 우측으로 이동하고 이때 우이동 램프는 0.5초 간격으로 점멸 동작을 한다. 그리고 1번, 2번, 3번 위치 센서가 동작하면 위치 표시 램프는 점등한다. 이송 테이블이 우측으로 이동 중에 상한 센서가 동작하면 이송 테이블은 즉시 정지하고 상한 센서가 동작하고 있는 동안 경고 램프가 0.5초 간격으로 점멸 동작을 한다.

③ 자동 모드에서만 1번, 2번, 3번 위치 버튼이 동작한다.

- 도그 위치가 1~3번 중 한 곳에 위치해 있는 경우 1번, 2번, 3번 위치 버튼을 눌렀다 떼면 이송 테이블은 해당 위치로 이동한다. 이때 이송 테이블의 이동 방향에 따라 좌 이동 또는 우 이동 램프가 0.5초 간격으로 점멸 동작을 하고 해당 위치의 위치 센서가 동작했을 때, 이송 테이블은 즉시 정지하고 이동 표시 램프는 소등된다.

④ 자동 모드에서 이송 테이블이 이동 중에 센서의 고장 등의 원인으로 인해 상한 또는 하한 센서가 동작하면 이송 테이블의 이동은 즉시 정지하고 경고 램프가 0.5초 간격으로 점멸한다.

⑤ 도그가 1번, 2번, 3번 위치에 있으면 해당 위치 표시 램프가 점등한다.

[로컬 라벨]

	Label Name	Data Type
1	JOG좌이동	Bit
2	JOG우이동	Bit
3	좌이동1	Bit
4	우이동1	Bit
5	좌이동2	Bit
6	우이동2	Bit

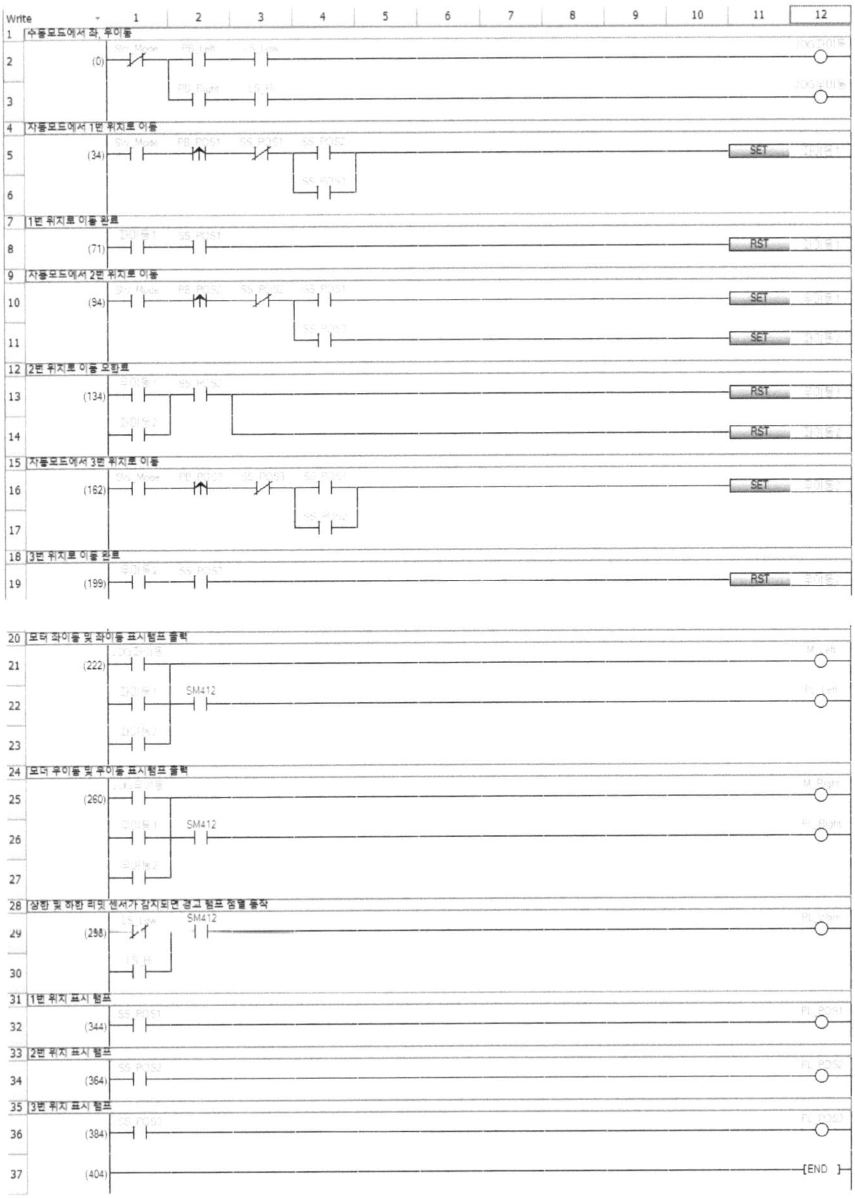

21~23번 라인은 모터가 좌 이동을 하고 좌 이동 중에 좌 이동 표시 램프가 점멸하는 프로그램이다. 좌 이동 조건은 수동 모드(JOG 좌 이동)인 경우와 자동 모드(좌 이동 1, 좌 이동 2)인 경우가 있다.

25~27번 라인은 모터가 우 이동을 하고 우 이동 중에 우 이동 표시 램프가 점멸하는 프로그램이다. 우 이동 조건은 수동 모드(JOG 우 이동)인 경우와 자동 모드(우 이동 1, 우 이동 2)인 경우가 있다.

29~30번 라인은 모터가 이동 중에 하한 리밋 센서 또는 상한 리밋 센서가 동작하면 모터의 동작을 정지하고 경고 표시 램프가 점멸하는 프로그램이다.

CHAPTER 23

4차 산업혁명 시대,
스마트공장 구축을 위한 스마트 제조 & 시퀀스 및 PLC 기초 실습

이송 테이블의 좌우 이송 및 원점 복귀 실습 1

기계 장치의 정확한 위치 제어를 하기 위해서는 기준이 되는 위치가 필요하다. 그 기준이 되는 위치를 원점이라 한다. 원점 복귀 동작이란 사전에 설정되어진 원점 위치로 이동하는 동작을 말한다. 도그가 이동 중에 하한 리밋 센서 또는 상한 리밋 센서가 동작하면 기계 장치는 즉시 정지해야 한다. 이때 알람을 발생시켜 기계 장치에 문제가 생겼음을 작업자에게 알려주어야 한다. 작업자는 알람 발생 원인을 제거하고 알람 해제 버튼을 눌러 알람 발생 램프를 소등하고 기계 장치가 재동작할 수 있도록 만들어 주어야 한다.

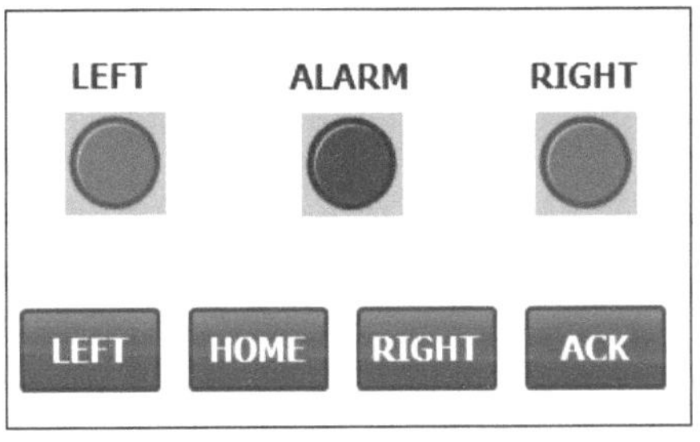

입력			출력		
주소	심벌(라벨)	코멘트	주소	심벌(라벨)	코멘트
	PB_Left	좌 이동 버튼		M_Left	모터 좌 이동
	PB_Right	우 이동 버튼		M_Right	모터 우 이동
	PB_Home	원점 복귀 버튼		PL_Left	좌 이동 표시 램프
	PB_Ack	알람 해제 버튼		PL_Right	우 이동 표시 램프
				PL_Alarm	알람 발생 램프

[동작 조건]

① 좌 이동 버튼을 누르고 있는 동안 이송 테이블이 좌측으로 이동하고 좌 이동 표시 램프는 점등한다.

이송 테이블이 좌측으로 이동 중에 하한 센서가 동작하면 모터는 즉시 정지하고 알람 램프는 1초 간격으로 점멸한다. 알람 램프가 점멸 상태에서는 어떤 입력 버튼도 동작하지 않는다. 알람 해제 버튼을 누르면 알람 램프가 소등된다. 알람 해제 후 좌 이동 버튼을 누르면 알람 발생 램프가 다시 점멸 동작을 하고, 우 이동 버튼을 누르면 이송 테이블은 우측으로 이동한다.

② 우 이동 버튼을 누르고 있는 동안 이송 테이블이 우측으로 이동하고 우 이동 표시 램프는 점등한다.

이송 테이블이 우측으로 이동 중에 상한 센서가 동작하면 모터는 즉시 정지하고 알람 램프는 1초 간격으로 점멸한다. 알람 램프가 점멸 상태에서는 어떤 입력 버튼도 동작하지 않는다. 알람 해제 버튼을 누르면 알람 램프가 소등된다. 알람 해제 후 우 이동 버튼을 누르면 알람 발생 램프가 다시 점멸 동작을 하고, 좌 이동 버튼을 누르면 이송 테이블은 좌측으로 이동한다.

③ 이송 테이블이 원점 센서와 상한 센서의 사이에 위치해 있는 상태에서 원점 복귀 버튼을 누르면 이송 테이블은 좌측으로 이동하고 좌측으로 이동 중에 원점 센서가 ON 되면 즉시 정지한다. 이송 테이블 동작 중에 상한 또는 하한 센서가 동작하면 이송 테이블의 이동 동작을 즉시 정지하고 알람 램프가 1초 간격으로 점멸 동작을 한다. 이때 알람 해제 버튼을 누르면 알람 램프는 소등된다. 상한과 하한 센서가 동작 중에 원점 복귀 버튼을 누르면 알람 램프가 다시 점멸 동작을 한다.

[로컬 라벨]

	Label Name	Data Type
1	좌이동	Bit
2	우이동	Bit
3	홈	Bit
4	알람발생	Bit

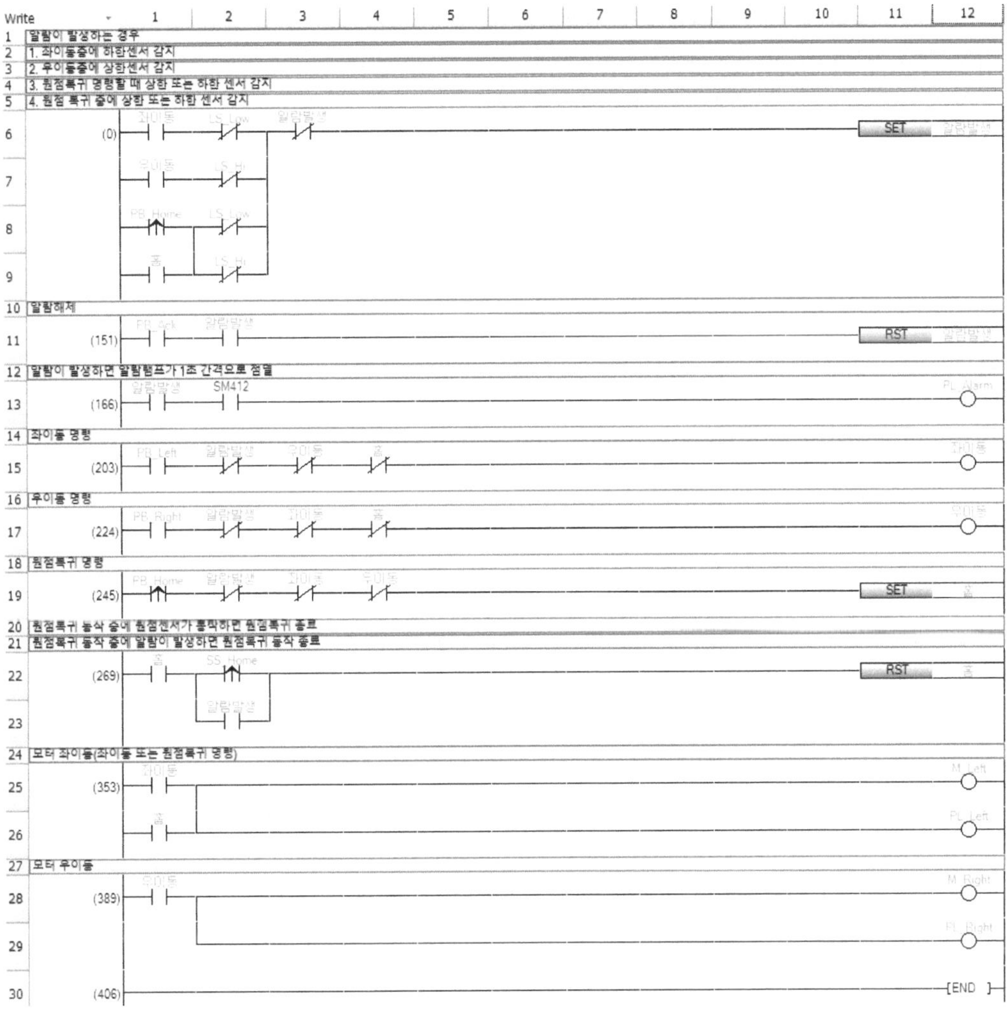

6~9번 라인은 알람이 발생하는 조건들이다. 좌 이동 동작 중에 하한 센서가 감지, 우 이동 동작 중에 상한 센서가 감지, 원점 복귀 버튼을 누르는 순간 하한 센서 또는 상한 센서가 감지 그리고 원점 복귀 동작 중에 하한 센서 또는 상한 센서가 감지되면 알람이 발생한다.

11번 라인은 알람 원인을 제거 후 알람 해제 버튼을 눌러 알람 발생을 리셋한다.

13번 라인은 알람이 발생하면 알람 램프가 1초 간격으로 점멸하는 동작이다.

15번 라인은 모터 좌 이동을 하기 위한 프로그램이다.

17번 라인은 모터 우 이동을 하기 위한 프로그램이다.

19번 라인은 원점 복귀 지령을 하는 프로그램이다.

22~23번 라인은 원점 복귀 동작 중에 원점 센서가 동작하거나 알람이 발생하면 원점 복귀 동작을 즉시 정지하기 위한 프로그램이다.

25~26번 라인은 좌 이동 버튼을 누르고 있는 경우이거나 원점 복귀 동작을 하고 있는 경우 모터가 좌 이동하며, 이때 좌 이동 표시 램프가 점등하는 프로그램이다.

28~29번 라인은 우 이동 버튼을 누르고 있는 동안 모터가 우 이동하는 프로그램이다.

CHAPTER
24

4차 산업혁명 시대,
스마트공장 구축을 위한 스마트 제조 & 시퀀스 및 PLC 기초 실습

이송 테이블의 좌우 이송 및 원점 복귀 실습 2

이번에는 모터 동작 중에 위급한 상황이 발생하였거나 발생할 우려가 있는 경우 사람이 수동으로 비상 정지 버튼을 동작하여 알람을 발생시키는 프로그램을 작성해 보자. 그리고 알람이 발생한 경우 발생 원인을 구별하기 위해 숫자로 표시하는 기능을 추가해 보자. 비상 정지 버튼은 b접점을 사용한다.

〈알람 발생 원인별 숫자 표시〉

0: 정상

1: 비상 정지 버튼 동작

2: 우 이동 중 상한 센서 동작

3: 좌 이동 중 하한 센서 동작

4: 원점 복귀 중 상한(하한) 센서 동작

[동작 조건]

① 좌 이동 버튼을 누르고 있는 동안 이송 테이블이 좌측으로 이동하고 좌 이동 표시 램프는 점등한다.

이송 테이블이 좌측으로 이동 중에 하한 센서가 동작하면 모터는 즉시 정지하고 알람

램프는 1초 간격으로 점멸하며 알람 표시 FND(터치)에는 "3"이 표시된다. 알람 램프가 점멸 상태에서는 어떤 입력 버튼도 동작하지 않는다, 알람 해제 버튼을 누르면 알람 램프가 소등하고 알람 표시는 "0"이 표시된다. 알람 해제 후 좌 이동 버튼을 누르면 알람 발생 램프가 다시 점멸 동작을 하고 알람 표시에 "3"이 다시 표시된다. 알람 해제 후 우 이동 버튼을 누르면 이송 테이블은 우측으로 이동한다.

② 우 이동 버튼을 누르고 있는 동안 이송 테이블이 우측으로 이동하고 우 이동 표시 램프는 점등한다.

이송 테이블이 우측으로 이동 중에 상한 센서가 동작하면 모터는 즉시 정지하고, 알람 램프는 1초 간격으로 점멸하며, 알람 표시 FND(터치)에는 "2"가 표시된다. 알람 램프가 점멸 상태에서는 어떤 입력 버튼도 동작하지 않는다, 알람 해제 버튼을 누르면 알람 램프가 소등하고 알람 표시는 "0"이 표시된다. 알람 해제 후 우 이동 버튼을 누르면 알람 발생 램프가 다시 점멸 동작을 하고 알람 표시 "2"가 다시 표시된다. 알람 해제 후 좌 이동 버튼을 누르면 이송 테이블은 좌측으로 이동한다.

③ 이송 테이블이 원점 센서와 상한 센서의 사이에 위치해 있는 상태에서 원점 복귀 버튼을 누르면 이송 테이블은 좌측으로 이동하고, 좌측으로 이동 중에 원점 센서가 ON 되면 즉시 정지한다. 이송 테이블 동작 중에 상한 또는 하한 센서가 동작하면 이송 테이블의 이동 동작을 즉시 정지하고, 알람 램프가 1초 간격으로 점멸 동작을 하고 알람 표시 FND(터치)에는 "4"가 표시된다. 이때 알람 해제 버튼을 누르면 알람 램프는 소등되고 알람 표시 "0"이 표시된다. 상한과 하한 센서가 동작 중에 원점 복귀 버튼을 누르면 알람 램프와 알람 표시가 다시 동작한다.

④ 비상 정지 버튼을 누르면 알람 발생 램프가 1초 간격으로 점멸 동작을 하고 알람 표시 FND(터치)에는 "1"이 표시되고 이송 테이블은 즉시 정지한다.

비상 정지 버튼이 눌러진 상태에서는 어떤 입력 스위치도 동작하지 않는다.

비상 정지 버튼을 해제한 후 알람 해제 버튼을 누르면 알람발생 램프는 소등하고 FND(터치)에는 "0"이 표시된다.

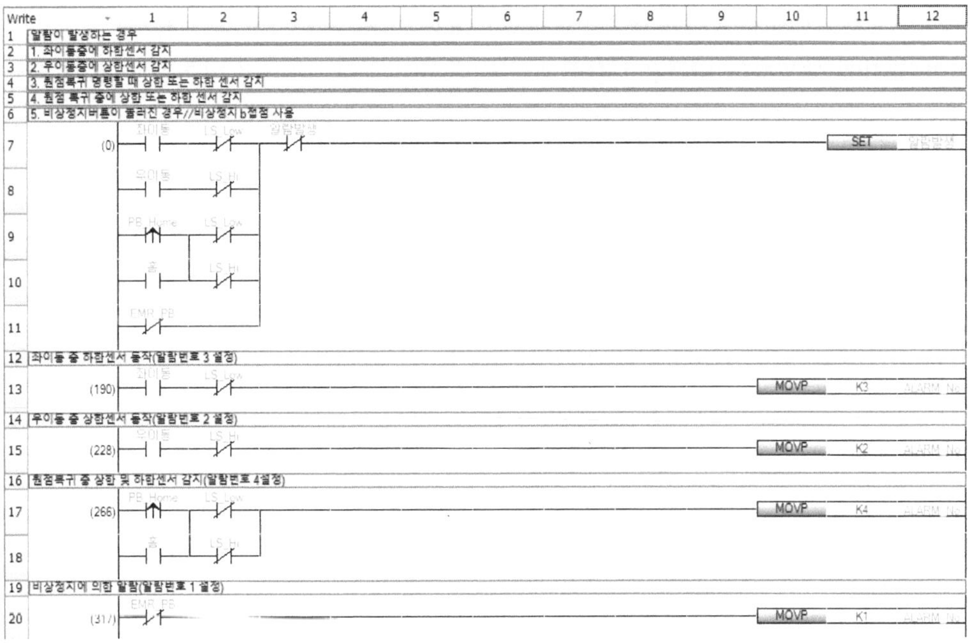
Write
1 2 3 4 5 6 7 8 9 10 11 12
알람이 발생하는 경우
1. 좌이동중에 하한센서 감지
2. 우이동중에 상한센서 감지
3. 원점복귀 명령할 때 상한 또는 하한 센서 감지
4. 원점 복귀 중에 상한 또는 하한 센서 감지
5. 비상정지버튼이 눌러진 경우//비상정지 b접점 사용
(0)
SET 알람발생
좌이동 중 하한센서 동작(알람번호 3 설정)
(190)
MOVP K3 ALARM_No
우이동 중 상한센서 동작(알람번호 2 설정)
(228)
MOVP K2 ALARM_No
원점복귀 중 상한 및 하한센서 감지(알람번호 4설정)
(266)
MOVP K4 ALARM_No
비상정지에 의한 알람(알람번호 1 설정)
(317)
MOVP K1 ALARM_No

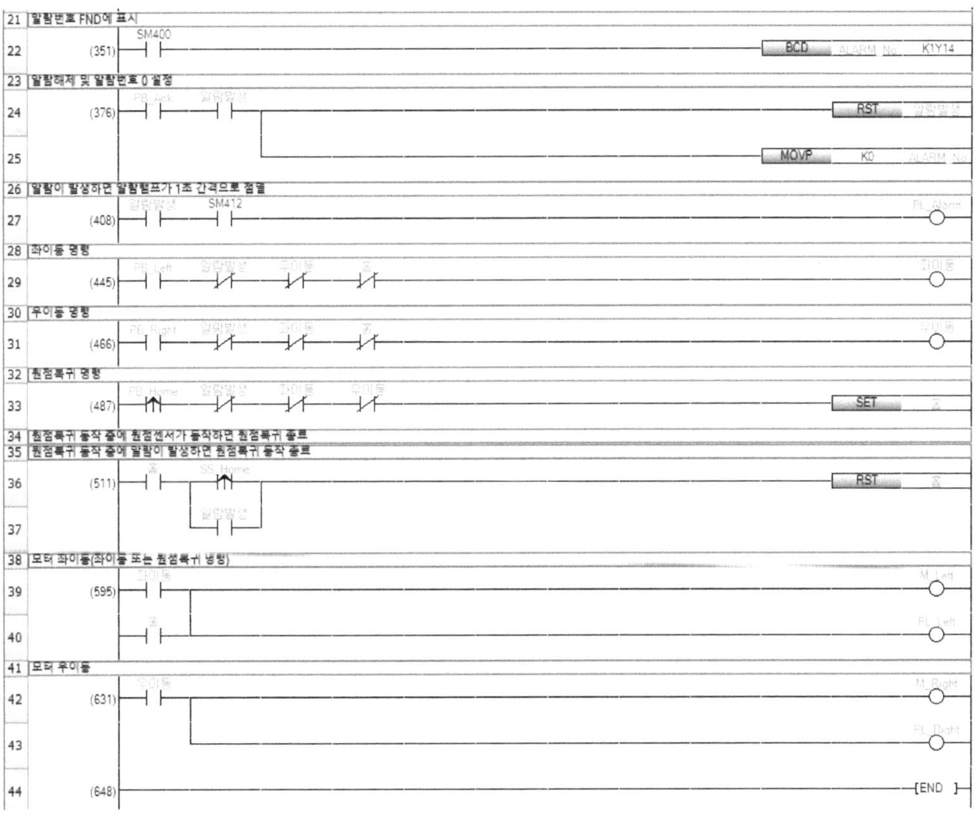
알람번호 FND에 표시
SM400
(351)
BCD ALARM_No K1Y14
알람해제 및 알람번호 0 설정
(376)
RST 알람발생
MOVP K0 ALARM_No
알람이 발생하면 알람램프가 1초 간격으로 점멸
SM412
(408)
PL_Alarm
좌이동 명령
(445)
우이동 명령
(466)
원점복귀 명령
(487)
SET 홈
원점복귀 동작 중에 원점센서가 동작하면 원점복귀 종료
원점복귀 동작 중에 알람이 발생하면 원점복귀 동작 종료
(511)
RST 홈
모터 좌이동(좌이동 또는 원점복귀 명령)
(595)
M_Left
PL_Left
모터 우이동
(631)
M_Right
PL_Right
(648)
END

11번 라인은 비상 정지 버튼을 누르는 경우 알람이 발생하는 동작이다. 이때 주의할 것은 비상 정지에 사용하는 버튼은 b접점으로 결선되어 있다. 따라서 버튼을 누르게 되면 전기 신호가 OFF 되어 프로그램의 b접점에 의해 알람이 발생하게 된다.

13번 라인은 좌 이동 동작 중에 하한 리밋 센서가 동작하면 알람 표시 3을 나타낸다.

15번 라인은 우 이동 동작 중에 상한 리밋 센서가 동작하면 알람 표시 2를 나타낸다.

17~18번 라인은 원점 복귀 버튼을 누르는 순간 또는 원점 복귀 동작 중에 하한 또는 상한 리밋 센서가 동작하면 알람 표시 4를 나타낸다.

20번 라인은 비상 정지에 의한 알람 표시 1을 나타낸다.

참고자료

MELSEC iQ-F FX5 사용자 매뉴얼(스타트업 편)// 한국미쯔비시전기

MELSEC iQ-F FX5U 사용자 매뉴얼 (하드웨어 편)// 한국미쯔비시전기

GX Works3 오퍼레이팅 매뉴얼 // 한국미쯔비시전기

기초: MELSEC iQ-F 프로그래밍(GX Works3용)// 한국미쯔비시전기

멜섹 Q PLC IN/OUT 프로그래밍 방법(정완보 저/복두/2012)

멜섹 Q PLC 이론과 실습(정완보, 김진우 저/복두/2012)

4차 산업혁명 시대, 스마트공장 구축을 위한

스마트제조&

시퀀스 및 PLC 기초실습

(실습장치 구성에서부터 시퀀스 및 PLC 실습까지)

(MELSEC FX5U PLC)

2021년 12월 13일 1판 1쇄 인 쇄

2021년 12월 20일 1판 1쇄 발 행

지 은 이 : 육영수

펴 낸 이 : 박정태

펴 낸 곳 : **광 문 각**

10881

경기도 파주시 파주출판문화도시 광인사길 161

광문각 B/D 4층

등 록 : 1991. 5. 31 제12-484호

전 화(代) : 031) 955-8787

팩 스 : 031) 955-3730

E - mail : kwangmk7@hanmail.net

홈페이지 : www.kwangmoonkag.co.kr

ISBN : 978-89-7093-623-9 93560

값: 23,000원

한국과학기술출판협회회원

KSPA